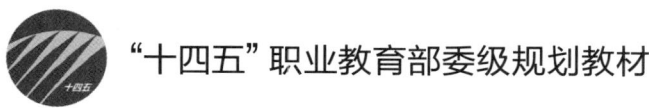

"十四五"职业教育部委级规划教材

NONGCHANPIN JIAGONG JISHU:
ROUZHIPIN JIAGONG

农产品加工技术:
肉制品加工

胡彩香 李 岩 刘 馨/主 编

中国纺织出版社有限公司

内　容　提　要

本书采用模块化设计思路，按照生产实际和岗位需求设计开发课程，介绍了果蔬产品、肉制品、乳制品、焙烤产品、粮油产品加工技术 5 个大模块，由各大类农产品加工制品下的具体产品构成多个教学项目，将新技术、新工艺、新规范、典型生产案例及时纳入教学内容，突出岗位性、专业性、实用性，提高学生专业技能。本书通俗易懂，可操作性强，适合作为中等职业院校、各类食品生产企业等相关专业人员进行农产品加工的参考用书，也可用于农民培育教材。

图书在版编目（CIP）数据

农产品加工技术/胡彩香，李岩，刘馨主编. --北京：中国纺织出版社有限公司，2022.12
ISBN 978-7-5229-0047-6

Ⅰ.①农… Ⅱ.①胡… ②李… ③刘… Ⅲ.①农产品加工—教材 Ⅳ.①S37

中国版本图书馆 CIP 数据核字（2022）第 208450 号

责任编辑：闫　婷　　责任校对：高　涵　　责任印制：王艳丽

中国纺织出版社有限公司出版发行
地址：北京市朝阳区百子湾东里 A407 号楼　邮政编码：100124
销售电话：010—67004422　传真：010—87155801
http://www.c-textilep.com
中国纺织出版社天猫旗舰店
官方微博 http://weibo.com/2119887771
天津千鹤文化传播有限公司印刷　各地新华书店经销
2022 年 12 月第 1 版第 1 次印刷
开本：787×1092　1/16　印张：23.5
字数：519 千字　定价：58.00 元（全 5 册）

凡购本书，如有缺页、倒页、脱页，由本社图书营销中心调换

前　　言

农产品加工技术是对农业生产的动植物产品及其物料进行加工的生产技术，是促进农民就业增收的重要途径和建设社会主义新农村的重要支撑，是满足城乡居民生活需求的重要保证。农产品加工业产业关联度高、涉及面广、吸纳就业能力强、劳动技术密集，在服务"三农"、壮大县域经济、促进就业、扩大内需、增加出口、保障食品营养健康与质量安全等方面发挥重要作用。

本书采用模块化设计思路，按照生产实际和岗位需求设计开发课程，深入实施职业技能等级证书制度，将新技术、新工艺、新规范、典型生产案例及时纳入教学内容，突出岗位性、专业性、实用性，提高学生专业技能；将专业精神、职业精神和工匠精神融入教学任务，注重培养学生良好的职业道德和职业素养。

本书介绍了果蔬产品、肉制品、乳制品、焙烤产品、粮油产品加工技术5个大模块，由各大类农产品加工制品下的具体产品构成多个教学项目。每个项目以典型农产品的加工生产为例，从学习目标、任务资讯（任务案例）、任务发布、任务分析、任务实施［一、生产规范要求；二、原辅材料要求；三、加工工艺操作；四、主要质量问题及防（预防）治（解决）方法；五、成品质量标准及评价］等方面介绍不同农产品加工生产的技术，并有详细的专项实训，以便师生根据实际情况选择，实现教、学、做一体化。本书通俗易懂，可操作性强，适合作为中等职业院校、各类食品生产企业等相关专业人员进行农产品加工的参考用书，也可用于高素质农民培育教材。

由于笔者知识面和专业水平有限，书中不妥之处在所难免，敬请专家、读者批评指正，笔者不胜感谢。

编者

2022年10月

目 录

项目二 肉制品加工 ………………………………………………………………… 1
  任务一 冷鲜肉加工 …………………………………………………………… 1
  任务二 熏烧烤肉制品加工 …………………………………………………… 14
  任务三 酱卤肉制品加工 ……………………………………………………… 24
  任务四 腌腊肉制品加工 ……………………………………………………… 33
  任务五 肉干制品加工 ………………………………………………………… 47

参考文献 ……………………………………………………………………………… 56

图书资源

项目二 肉制品加工

任务一 冷鲜肉加工

学习目标

【素质目标】
1. 了解中国冷鲜肉加工行业近几年基本情况
2. 能够列举援疆工程对新疆冷鲜肉行业发展影响的重大事件

【技能目标】
1. 能够根据标准要求进行冷鲜肉加工原辅料的验收
2. 能够根据原辅料特点对冷却加工工艺参数进行调整
3. 能够预防和解决冷鲜肉加工过程中的主要质量安全问题

【知识目标】
1. 掌握常见冷鲜肉的主要理化成分和加工特点
2. 掌握冷鲜肉加工的主要原辅料及其验收要求
3. 掌握典型冷鲜肉加工的主要工艺流程和关键工艺参数
4. 掌握冷鲜肉加工中的主要质量安全问题及防(预防)治(解决)方法
5. 掌握冷鲜肉的质量安全标准要求及其评价方法

任务资讯(任务案例)

目前我国市场猪肉产品以白条肉为主,其占比达到60%,而冷鲜肉占比仅为猪肉消费量的20%左右,对比日本、欧美等发达国家高达90%的占比,我国冷鲜肉市场还有很大的发展空间。随着居民生活品质的提升、低收入人群和农村人口人均收入的提高,以及对食品安全的意识增强,肉类的消费结构也发生了明显的变化,呈现出了从冷冻肉到热鲜肉,再转变为冷鲜肉的发展趋势。

近年来,新疆坚持农牧业结合,启动实施农区畜牧业振兴行动,伴随着现代农业设施建设的全面加强,为新疆的农业农村发展奠定了基础。新疆作为全国五大牧区之一,拥有总面积约7.7亿亩的牧草地,在全国位列第三,仅次于内蒙古和西藏。"十三五"期间,新疆维吾尔自治区肉类年产量最高达到了172万吨(2020年)。农副产品资源丰富、农区养殖环境容量之大,带来了丰富的饲草料和有机肥料的同时,也降低了牧区的繁育成本,形成了一个

"牧繁农育"的联动机制。

随着2020年新疆出台了《关于促进新疆畜牧业高质量发展的意见》以及围绕畜牧业"十四五"发展目标任务推进了畜牧业高质量发展六项举措，其中与肉禽类有关的包括加快发展肉羊标准化规模养殖、扩大肉牛生产规模、做优做强家禽产业、促进生猪产业转型升级，以及因地制宜发展特色养殖业，由此新疆的畜牧业也得到了持续稳定的发展。随着援疆工程的推进，助力产业发展和结构调整，扶持畜牧良种繁育，提高肉羊养殖水平。与此同时，也产生了一批肉禽类重点县市，其中肉羊重点县市有51个，肉牛重点县市有50个，生猪重点县市为12个，另外家禽重点县市则为18个。

新疆的畜禽种类多样，主要分为肉羊、奶牛、肉牛、马、生猪、家禽，以及特色畜禽，其中冷鲜肉以羊牛猪禽肉为主。2021年新疆已经扩建了1293个养殖场，羊牛猪禽肉同比增长了16.1%；另外2022年第一季度，畜牧业产值较同期增长了6.6%，羊牛猪禽肉总产量达到了41.68万吨，较上年同期增长了1.3%。可以看出，发展循环经济也让新疆的畜牧业获得了稳定的发展。

任务发布

针对以上情况，新疆某企业欲新上冷鲜肉加工生产线，生产羊肉和牛肉。请问该企业生产这两种冷鲜肉的原辅料（肉羊和肉牛）验收要求是什么？冷鲜肉的主要工艺特点有哪些？如何控制冷却环节的技术参数？生产过程（解剖、处理、运输等）卫生控制要符合哪些要求？该企业生产冷鲜肉的过程中可能会面临哪些质量安全问题？如何预防和改善？该企业对于冷鲜羊肉及冷鲜牛肉的验收标准有哪些？尤其是其颜色、状态、气味等请详细描述。

任务分析

依据《肉与肉制品术语》（GB/T 19480—2009），冷鲜肉又称冷却肉，在低于0℃环境下，将肉中心温度降低到（0~4℃），而不产生冰结晶的肉。

依据《冷却肉加工技术要求》（GB/T 40464—2021）中的加工要求总结得出，冷鲜肉是以猪、牛、羊，以及畜禽为原料，经过屠宰和一段式或多段式冷却处理的方法加工制得的肉品。

另依据《冷却肉加工技术规范》（NY/T 1565—2007），冷鲜肉（chilled meat）是指：在良好操作规范和良好卫生条件下，活畜经宰前、宰后检验检疫合格屠宰后；胴体经冷却处理，其后腿肌肉深层中心温度在24h内降至0~4℃，在10~12℃的车间内进行分割加工，并在后续包装、贮藏、流通和销售过程中始终保持在0~4℃范围内的生鲜肉。

要进行猪、牛、羊和畜禽冷鲜肉的加工，需要根据定点屠宰许可的要求具备环境场所、卫生管理、人员要求、设施设备等方面的要求，获得相应品类的定点屠宰许可证，方可开展生产工作。在鲜肉的加工方面，首先需要了解其种类（猪、牛、羊或畜禽），以及各个种类的屠宰、冷却加工和分割特点，根据标准要求验收采购原料；其次，要按照冷鲜肉加工的基本工艺流程和参数开展生产加工，在加工过程中要利用不同的技术手段预防或解决各类产品的质量安全问题，以确保产品的质量安全；最后，要根据产品标准对成品进行检验。

任务实施

一、生产规范要求

（一）环境场所

良好的卫生环境是生产安全食品的基础，冷鲜肉企业的生产环境应符合《食品安全国家标准 畜禽屠宰加工卫生规范》（GB 12694）、《食品安全国家标准 食品生产通用卫生规范》（GB 14881）等相关标准的相关要求，厂区选址应远离受污染的水体，并应避开产生有害气体、烟雾、粉尘等污染源的工业企业或其他产生污染源的地区或场所。厂区布局合理，各功能区域划分明显，清洁区与非清洁区应分隔；设计与布局合理，便于设备安装、清洁、消毒等，保证有足够的天然或人工光源；道路硬化，铺设混凝土或沥青等路面，确保路面平整、易冲洗、且不积水；厂区绿化与生产车间保持适当距离，生活区与生产区保持适当距离或分开；厂区应有合适的排水系统，污水处理设施等应当远离生产区域和主干道，并位于主风向的下风处，应符合国家有关规定。生产区建筑物与外源公路或道路应保持一定距离或封闭隔离，并设置防护措施。车间内生产工艺布局合理，满足食品卫生操作要求，根据产品特点、生产工艺及生产过程对清洁程度的要求，合理划分作业区，避免交叉污染。

冷鲜肉的生产车间应设有待宰圈、隔离间、急宰间、实验（化验）室、官方兽医室、化学品存放间和无害化处理间。另外应设有畜禽和产品运输车辆和工具清洗、消毒的专门区域。对于没有无害化处理间的厂区，应委托具有专业资质的无害化处理厂进行无害化处理。车间应具备足够的圈舍容量，待宰圈的结构应合理，便于维修。应设有与屠宰和加工相对应的畜禽屠宰加工车间；畜禽屠宰加工车间应保证足够的空间，并且每个加工区域应和其他区域分隔开，按照区域功能要求一般分为：内脏处理间、冷却间、冻结间、冷藏库，以及皮、角、蹄和非食用畜禽脂肪的储存间。畜类急宰间应与隔离间相连带锁，且只用于急宰畜类的屠宰加工，隔离间与无害化处理间门口应放置车轮和鞋靴消毒设施。车间的布局应防止病害肉的交叉污染。排水流向应自清洁区（如胴体加工、冷却、分割包装等处理的区域）向非清洁区（如待宰、放血、剥皮等处理的区域）流动，不同清洁程度的车间应设有单独的更衣区。车间布局与设施应利于进行检验检疫。可食用的肉品处理间的门应确保牢固且采用双向自由门。应按照不同产品的工艺要求调节车间温度在规定范围内。

（二）设备设施

冷鲜肉生产企业应配备与生产能力相适应的生产设备，按照工艺流程次序布置，并确保摆放位置合理，易于定期清洗、维护、保养和验证。设备与工具应使用可反复清洗消毒的材质，并且确保其不会与肉类、清洁剂和消毒剂发生反应，不得影响产品质量和食品安全。制定设备的日常维修和保养制度。

冷鲜肉生产企业需要定期对车间的设备设施进行清洗消毒。屠宰和检验的过程中所使用的器具（如宰杀器具、检验刀具等），应在每次使用过后，用82℃以上的热水进行清洗消毒。废弃物所使用的容器应使用金属或其他不渗水的材质，不得与其他用途容器混用，应标有鲜明标志或颜色进行区分。

二、原辅材料要求

(一) 冷鲜肉用肉类品种及其成分

新疆畜禽品种较多,且以清真食品为主,其中以肉牛和肉羊最为出名。肉牛有西门塔尔牛、里木赞肉牛、夏洛莱牛、鲁西黄牛以及新疆褐牛等。肉羊有阿勒泰羊、刀郎羊、多浪羊、巴尔楚克羊等。

根据《中国食物成分表》(第六版),肉牛、肉羊的主要成分见表1和表2。

表1 肉牛一般营养素成分表(以每100g可食部计)

食物成分名称	食物名称
	牛肉(代表值,fat 9g)[1]
水分/g	69.8
能量/kJ	160
蛋白质/g	20.0
脂肪/g	8.7
碳水化合物/g	0.5
不溶性膳食纤维/g	0.0
胆固醇/mg	58
灰分/g	1.1
维生素 A/μg RAE	3
胡萝卜素/μg	0
视黄醇/μg	3
维生素 B_1/mg	0.04
维生素 B_2/mg	0.11
烟酸/mg	4.15
维生素 C/mg	Tr[2]
维生素 E/mg	0.68
钙/mg	5
磷/mg	182
钾/mg	212
钠/mg	64.1
镁/mg	22
铁/mg	1.8
锌/mg	4.7
硒/μg	3.15
铜/mg	0.05
锰/mg	0.03

表 2 肉羊一般营养素成分表（以每 100g 可食部计）

食物成分名称	食物名称
	羊肉（代表值，fat 7g)[1]
水分/g	72.5
能量/kJ	139
蛋白质/g	18.5
脂肪/g	6.5
碳水化合物/g	1.6
不溶性膳食纤维/g	0.0
胆固醇/mg	82
灰分/g	1.0
维生素 A/μg RAE	8
胡萝卜素/μg	0
视黄醇/μg	8
维生素 B_1/mg	0.07
维生素 B_2/mg	0.16
烟酸/mg	4.41
维生素 C/mg	Tr[2]
维生素 E/mg	0.48
钙/mg	16
磷/mg	161
钾/mg	300
钠/mg	89.9
镁/mg	23
铁/mg	3.9
锌/mg	3.52
硒/μg	5.95
铜/mg	0.13
锰/mg	0.06

注：1. 代表值是指当来自不同地区的同一种食物有多个的时候，为了便于使用，《中国食物成分表》（2018 年版）对不同产区或不同品种的多条同个食物营养素含量计算了"x"代表值。

2. 符号"Tr"，表示未检出或微量，低于目前应用的检测方法的检出限或未检出。

（二）冷鲜肉原料（肉牛、肉羊）验收要求

依据《食品安全国家标准 畜禽屠宰加工卫生规范》（GB 12694），畜禽原料应符合相应的食品标准和有关规定。原料应附有动物检疫证明，并佩戴符合要求的畜禽标志。需按照国家相关的法律法规、标准和规程进行宰前检查（如临床健康检查、行为、排泄物等）。

依据《鲜、冻肉生产良好操作规范》(GB/T 20575—2019),生产冷鲜肉所用的畜禽的养殖场所应符合《中华人民共和国动物防疫法》和相关法律法规的要求。应按照国家相关规定控制化学物质和饲料,需要具备良好的饲养管理规范。集约化养殖生产中的饲养方式或废弃物处理方式不应对公共卫生、周围环境以及畜禽健康造成不良影响。

依据《冷却羊肉》(NY/T 633—2002),生产冷鲜羊肉所用到的羊只不得来自疫区,并且具有产地动物防疫监督机构出具的检疫证明。不得使用转基因羊。

(三)加工用水要求

冷鲜肉屠宰、加工过程中需要用到大量的水,需要根据区域进行区分用水。屠宰与分割车间生产用水需要满足《生活饮用水卫生标准》(GB 5749)中的要求,并且根据工艺流程的需求,设置冷、热水管。清洗用水温度不得低于40℃,消毒用水温度不得低于82℃。急宰间和无害化处理间也应该设置冷、热水管。

三、加工工艺操作

依据《冷却肉加工技术要求》(GB/T 40464—2021),冷却肉的工艺流程一般包括:宰前处理(停食静养,体表清洁)、屠宰、检验、冷却加工(冷却间温度0~4℃)、胴体分割、包装运输等。冷却方法有水冷却法、冰冷却法、真空冷却法和空气冷却法等,目前我国主要使用的是空气冷却法。由于在冷却开始阶段,肉体会有大量热量导出,导致冷却间温度过高,因此在进肉前,需将冷却间的温度降至-4℃左右,以确保肉体的热量导出后,冷却间的温度维持在0℃左右。随后,将冷却间温度控制在0~4℃。

(一)冷鲜牛肉的加工

新疆冷鲜牛肉加工流程参考《新疆褐牛冷鲜牛肉生产技术规范》(DB 65/T 4443—2021)。

1. 工艺流程

原料→宰前静养→宰前淋浴→致晕与宰杀→电刺激→预剥皮与去蹄→肛门结扎→去头和尾→剥皮→劈胸→去内脏→劈半→同步检验→胴体修整→喷淋减菌→排酸成熟(冷却加工)→精细分割→包装。

2. 操作要点

(1)原料:待宰牛通常以整头活牛形式进货。

(2)宰前静养与检疫:待宰牛需来自非疫区,并附有《动物检验检疫证明》。进入屠宰停食充分休息、饮水,直至宰前3h断水。对待宰牛进行编号、称重以及来源的辨别,进行宰前检疫。需通过检疫才可屠宰。

(3)宰前淋浴:清除牛体表面污染物。需根据生产进度逐一赶入屠宰巷道,不得使用硬器击打牛体,以免影响牛肉品质。冲水以温水为宜,气温高时,使用常温水;气温低时,水温需控制在37℃左右。

(4)致晕与宰杀:将待宰牛固定,致昏后进行宰杀。器具需做到一次一洗,并使用82℃热水进行消毒。

(5)电刺激:使电刺激屏旋转至牛的背部进行电刺激,10~30s。充分的电刺激才能使牛体充分放血。

（6）预剥皮与去蹄：将前肢腕关节、后肢跗关节处皮张圆周切开，将前肢腕关节沿内侧腋窝线的方向向剑突上 30~40cm 处挑开，后肢跗关节沿着跟腱线向肛门的方向挑开；从肛门处沿腹白线向头部的方向挑开至与前肢挑开线重合；沿各挑开线向两侧剥离皮张，前肢剥离至腋窝外线处，后肢剥离至腹股沟，两肋皮张剥离至距离中线位置 50~60cm 处，脖皮剥离至距离中线位置 20~30cm；放血切口处向尾部方向剥离食管，将剥离后的食管穿过结扎器的切套，抓住食管用刀向牛尾方向推进食管结扎至胃处，将结扎环扎在食管根部靠近胃的地方；前后蹄使用牛蹄剪剪下，前蹄距离腕关节下 3~5cm 处剪下，后蹄距离跗关节下 3~5cm 处剪断，同时在跟腱处的中间位置开 2~4cm 的小孔。

（7）肛门结扎：由尾部内侧中线末端处向肛门的方向挑开，剥开尾根与臀部的皮张，剪断尾根梢；从肛门与骨盆腔外口的连接处，沿着骨盆腔的外边缘圆周切开，用力拉出肛门，将直肠与骨盆腔的剩余连接部分全部切开，使肛门整体脱离胴体（20~25cm），将肛门结扎环套在肛门结扎钳上，套入用塑料袋包好的肛门，结扎距离肛门 15~20cm；将结扎好的肛门用力送入胴体腹腔，结扎钳消毒后恢复到原始位置，保证结扎肛门牢固，不得出现漏扎现象。

（8）去头和尾：将头部与颈椎第一关节处的联接筋膜和余下联接肌肉割断；清洗牛头的表面、口腔、鼻腔后，沿尾根关节处割下牛尾，摘除母牛乳房、公牛生殖器，放入指定容器中。

（9）剥皮：将扎皮链穿过大环孔使扎皮链形成挽套，将牛的后腿皮张穿过扎皮链的挽套。开动扒皮机卷滚，向下后方拉紧皮张，使皮张与胴体形成 45°~60° 的夹角，使用扒皮刀分离皮张与胴体间的结缔组织，均匀卷动，顺序剥离；开动自动升降卸皮按钮，使皮张顺向进入皮张吹送罐，辅助操作者开动罐按钮，使皮张自动沿封闭不锈钢管内吹至皮张接收间。

（10）劈胸：将牛胴体沿剑突柄至胸骨的肌肉全部切开，在剑突柄软骨处割开 2cm×2cm 的小孔；将气动胸骨锯圆头放进割开的小孔，并沿着切开的肌肉中缝将胸骨全部切开；将两侧连接的肌肉全部割开，剥离气管、食管直至颈椎最后一节关节处。

（11）去内脏：将会阴部位置割开 10cm 的长孔，使用正握反刀的方式伸进腹腔内，正对腹白线位置，向下切开至胸腔锯开处；在腹股沟处分离牛腩与后腿的连接筋至后腿窝边缘；用刀剥离胴体与直肠的剩余连接部分，并剥离直肠与后背的连接筋膜。直到白脏脱出胴体时，在白脏与食管的连接处用力拉出食管，并使全部白脏滑入接收槽内；将膈肌沿胴体腔内肋骨周边割开，并且剔除肺脏气管与胴体的连接部分，拉出气管的同时将红脏全部取出；将红脏放至指定收集处。

（12）劈半：将劈半锯对准牛胴体脊柱的中心位置，从尾骨的中线位置向下锯，沿脊柱中线将胴体劈半。胴体劈开时，应漏出骨髓，不得劈斜、断骨。

（13）同步检验：需要对分离出的红、白内脏进行严格的检验，以确保肉的品质。同时对胴体进行检验，确保放血充分、色泽正常、肉质正常、无异味、无病变组织等。

（14）胴体修整：修整淤血，修净淋巴、肾脏、脂肪、污物、浮毛等，将修整的碎肉、脂肪、淋巴结等收入指定的容器内，需确保胴体的完整性。

（15）喷淋减菌：使用高压水枪或水管二次冲洗表面的污物及杂质等，冲洗干净。

（16）排酸成熟（冷却加工）：将冲洗干净、分级后的胴体推入排酸间内指定的轨道进行冷却排酸，胴体应在宰杀放血后 45min 内进入冷却间，胴体间距≥10cm；采用一段式冷却时，冷却间温度设定为0~4℃，牛胴体的冷却时间应不少于24h；采用多段式冷却时，胴体可先送入-15℃以下的快速冷却间冷却2小时以内，然后进入0~4℃冷却间，或在0~10℃的条件下进行阶梯式降温处理，再送入0~4℃冷却间。

（17）精细分割：冷鲜肉原料分割前表面菌落总数应小于$5×10^4CFU/cm^2$。分割间温度应不高于12℃，空气沉降菌菌落数应不超过30个/皿（90mm平皿，静置5min）。分割方法可参考《牛胴体及鲜肉分割》（GB/T 27643—2011）。

（二）冷鲜羊肉的加工技术

1. 工艺流程

原料→宰前检疫→致昏放血→剥皮开胸→去除内脏→去头和去蹄→冲洗→冷鲜加工→分割。

2. 操作要点

（1）原料：待宰羊通常以整头活羊形式进货。

（2）宰前检疫：待宰羊需来自非疫区，并附有《动物检验检疫证明》。

（3）屠宰加工：致昏放血时需放血完全，食用血应使用安全卫生的方法采集；进行烫毛及剥皮，去除头、蹄、内脏（肾脏除外）、大血管、乳房以及生殖器；剥皮时，需确保皮下脂肪或肌膜保持完整状态；同时去除甲状腺、肾上腺，以及病变淋巴结三腺组织；应做到修割整齐，无病变组织。

（4）冲洗：使用高压水枪或水管二次冲洗表面的皮毛、浮毛、粪污、泥污、血块等，做到冲洗干净。

（5）冷鲜加工：将冲洗干净、分级后的胴体推入排酸间内指定的轨道进行冷却排酸，胴体应在宰杀放血后45min内进入冷却间，胴体间距≥3cm；采用一段式冷却时，冷却间温度设定为0~4℃，羊胴体的冷却时间应不少于12h；采用多段式冷却时，胴体可先送入-15℃以下的快速冷却间冷却2h以内，然后进入0~4℃冷却间，或在0~10℃的条件下进行阶梯式降温处理，再送入0~4℃冷却间。

（6）分割：冷鲜肉原料分割前表面菌落总数应小于$5×10^4CFU/cm^2$。分割间温度应不高于12℃，空气沉降菌菌落数应不超过30个/皿（90mm平皿，静置5min）。分割方法可参考《畜禽肉分割技术规程 羊肉》（NY/T 1564—2021）。

（三）冷鲜肉加工废弃物处理

1. 废弃物处理

屠宰加工过程中主要包含的废弃物为待宰间产生的粪便、屠宰车间及副产物加工产生的废物、污泥等。废弃物的无害化处理方式包括：湿化法、干化法、土灶炼制法、焚化法以及生物热法（掩埋）。

2. 废水处理

肉类加工生产的废水主要来源于圈栏冲洗、淋洗、动物毛发清洗、解体冲洗、内脏清洗、地面冲洗以及牲畜粪便废水等。在食品行业中，肉类加工废水基本居于首位。冷鲜肉加工中涉及多个工序需要消耗大量的水，也可统称为屠宰污水。屠宰污水中含有大量的血污、毛发、碎骨屑、肉屑、内脏杂物、未消化的食料、油脂以及粪便等污染物，其中含有较高含量的固体悬浮物、较高浓度的有机物以及油脂，液体呈红褐色并伴有腥臭味，该废水中虽然一般不含重金属及有毒化学物质,但含有大量危害人体健康的微生物(如大肠杆菌、沙门氏菌等)。我国针对肉类加工工业废水的排放制定了相关的国家标准《肉类加工工业水污染物排放标准》(GB 13457—1992)。

屠宰污水中的污染物成分主要为易于生物降解的有机物,在肉类加工废水处理中通常采用生物处理工艺。另外,由于屠宰污水中含有大量的非溶解性蛋白质、脂肪、碳水化合物等杂物,且其水质和水量在24h内变化较大,通常会使用一些物理(筛除、调节、沉淀等)和化学(絮凝等)相结合的处理工艺,以防设备的堵塞、回收副产品并且提高之后生物处理的效果。目前肉类加工废水处理主要采用厌氧和好氧相结合的生物处理技术,其完整处理工艺通常为:物化预处理→气浮→厌氧→缺氧→好氧→折点氧化深度处理→砂滤工艺。

四、主要质量问题及防(预防)治(解决)方法

冷鲜肉在加工、流通、销售过程中始终保持在0~4℃,在排酸的过程中降低了pH可以有效地控制微生物的繁殖,但在这一些生产、储藏及销售过程中仍然有嗜冷菌在生长繁殖,从而导致了冷鲜肉的变质腐败以及微生物污染,包括变色、表面发黏、弹性变小或无弹性、变味等质量安全问题,以下对这些现象产生的原因进行分析,并介绍常用的解决方法。

(一)冷鲜肉的变色

冷鲜肉常见的变色情况为颜色变暗,肉质变黑或变为淡绿色,脂肪灰色无光泽。微生物分解蛋白质产生了硫化氢,与鲜肉血液中残留的血红蛋白反应后,产生了硫化氢血红蛋白,并且堆积在肌肉和脂肪表面,导致了变色的情况。肉的颜色是由红色素肌红蛋白与血红蛋白控制的,而肉的变色过程便是由最初的紫红色,之后肌红蛋白合成并产生鲜红色,再到肌红蛋白被氧化产生褐色的过程。微生物随着血液、淋巴管侵入肌肉组织内部。肉的变色通常是从外界环境中好氧微生物污染肉的表面开始的,而后沿着结缔组织向肉的深层扩散。使用冷却工艺能使肉的表面形成一层干膜,进而阻止细菌的增长,延缓水分蒸发;另外使用气调包装也能延缓肉的氧化时间。

(二)冷鲜肉的腐败变质

当冷鲜肉表面细菌数达到$10^8 CFU/cm^2$时,开始出现腐败变质现象。在腐败菌的作用下,蛋白质分解为肽,经断键后分解为氨基酸,氨基酸及其含氮低分子物质在不同的酶的作用下进一步分解,随后冷鲜肉出现腐败变质现象。氨基酸经过脱羧以及脱氨后产生胺类和羧酸,而氧化脱氨则可产生酮酸,从而进一步产生羟酸、醇等物质。另外,甘氨酸、精氨酸、鸟氨酸、色氨酸和组氨酸分解出的甲胺、尸胺、腐胺、色胺以及组胺等物质,会导致硫化氢、甲烷、硫醇、氨和二氧化碳等物质生产,使冷却肉产生毒性物质以及恶臭味。

1. 内源性污染引起的腐败

内源性污染主要源自牲畜机体中以及表面。牲畜消化道、肺部以及皮肤可能存在着各种微生物,亚健康的牲畜的免疫系统较弱,无法防止微生物的入侵及扩散,引发冷鲜肉产品的污染。研究表明,大量的沙门氏杆菌存在在牛的盲肠以及盲肠的淋巴结中,而其他动物肠胃中也存在多种微生物(如大肠杆菌、空肠弯杆菌和沙门氏菌等)。另外动物的毛发和排泄物中也存在着多种微生物,其中包括大肠杆菌和需氧菌等。初期肉表面的细菌、微生物大多来

源于这些途径。而肠道中的菌群在动物健康的状况下不会进入机体，除非在去除内脏时肠道被捅破，屠宰后没有及时去除内脏，或者屠宰前存在饱食的现象。

在屠宰过程前，需要对牲畜进行检验检疫，筛选出健康的牲畜。保持宰前断食，以免体内被肠道中的细菌污染。屠宰过程中，空气、屠宰工具、工作台、人员以及设备器具不得混用，以免交叉感染产生微生物污染。屠宰时，应及时清理手套、衣物以及环境等，防止动物皮毛上的微生物污染肉品。

2. 外源性污染引起的腐败

外源性污染主要源自牲畜的屠宰加工过程。在屠宰加工过程中，胴体长时间暴露在空气中，以及需要大量的水进行冲洗和预冷。冲洗的水中可能存在大量微生物以及加工过程的空气中，包括冷却室中的空气含有较多霉菌、细菌和酵母菌都会引起胴体污染。研究发现在空气、预冷水中存在着链球菌、嗜温好氧菌、假单胞菌、大肠菌群、金黄色葡萄球菌和肠杆菌科。生产加工过程中的每一个环节都需要进行严格的把控：严控水质，定期对冲洗的水进行检测；接触用材料、设备器具、工作台和地面及时、定期清洗消毒；冷却室保持较低温度，以防微生物的生长。在储存和销售的过程中，除了控制储存温度外，冷鲜肉的包装密闭性也十分重要，需要在包装环节严格把控。在防腐措施方面，可以通过气调包装（MAP），改变包装中的气体成分，从而延迟冷鲜肉的保质期；也可以使用一些天然保鲜剂延缓冷鲜肉的腐败；其次，通过物理方式延长其保质期，例如高压处理、紫外线处理以及辐照处理等；另外，目前也有一些研究证实了通过宰前饲喂（抗氧化饲料等）以改善冷鲜肉的营养成分、弹性、色泽以及风味。

五、成品质量标准及评价

《冷却羊肉》（NY/T 633—2002）标准规定了冷却羊肉的术语和定义、技术要求、检验方法、标志、包装、贮存和运输，适用于活羊经屠宰、冷却加工后，按要求生产的六分体和分割羊肉。其中规定了冷鲜羊肉的感官特性、理化指标、微生物指标和致病菌指标，及其检测方法。

《鲜、冻分割牛肉》（GB/T 17238—2008）标准规定了鲜、冻分割牛肉的相关术语和定义、产品分类、技术要求、检验方法、检验规则、标志、包装、运输和贮存。其中规定，牛肉理化指标应符合 GB 2707 的规定，农兽药残留应符合 GB 2763 和《动物性食品中兽药最高残留限量》的规定。

依据上述规定，整理出冷鲜羊羔肉和冷鲜牛肉应符合的质量安全指标如表 3 和表 4 所示。

表 3　冷鲜羊肉质量安全指标

产品指标要求		指标要求	标准法规来源	检验方法
原料要求		羊只必须来自非疫区，并持有产地动物防疫监督机构出具的检疫证明 不允许转基因羊	NY/T 633	
感官要求	色泽	肌肉红色均匀，有光泽；脂肪呈白色或微黄色		NY/T 633

续表

产品指标要求		指标要求	标准法规来源	检验方法
感官要求	组织状态	肌纤维致密,坚实,有弹性,指压后凹陷立即恢复;外表微干或有风干膜,切面湿润,不粘手	NY/T 633	NY/T 633
	气味	具有羊肉固有气味,无异味		
	煮沸后肉汤	澄清透明,脂肪团聚于表面,具特有香味		
	肉眼可见异物	不得检出		
理化指标	挥发性盐基氮	≤15mg/100g	NY/T 633	GB/T 5009.44
	汞	≤0.05mg/kg(以Hg计)		GB 5009.17
	四环素	≤0.1mg/kg		GB/T 5009.116
	土霉素	≤0.1mg/kg		
	金霉素	≤0.1mg/kg		
	呋喃唑酮	≤10μg/kg		农牧发〔1998〕17号
微生物要求	菌落总数	≤5×10^{5}CFU/g		GB 4789.2
	大肠菌群	≤1×10^{3}MPN/100g		GB 4789.3
	致病菌-金黄色葡萄球菌	不得检出		GB 4789.10
	致病菌-沙门氏菌	不得检出		GB 4789.4
	致病菌-志贺氏菌	不得检出		GB 4789.5
	致病菌-溶血性链球菌	不得检出		GB 4789.11

表4 冷鲜牛肉质量安全指标

产品指标要求		指标要求	标准法规来源	检验方法
原料要求		鲜、冻分割牛肉的原料应符合GB/T 19477的规定。	GB/T 17238	
感官要求	色泽	鲜牛肉	GB/T 17238	GB/T 17238
		肌肉有光泽,色鲜红或深红;脂肪呈乳白或淡黄色		
	黏度	外表微干或有风干膜,不粘手		
	弹性(组织状态)	指压后的凹陷可恢复		
	气味	具有鲜牛肉正常的气味		

续表

产品指标要求		指标要求	标准法规来源	检验方法
感官要求	煮沸后肉汤	透明澄清,脂肪团聚于表面,具特有香味	GB/T 17238	GB/T 5009.44
	肉眼可见异物	不得带伤斑、血淤、血污、碎骨、病变组织、淋巴结、脓包、浮毛或其他杂质		GB/T 17238
	水分限量	鲜、冻分割牛肉水分限量应符合 GB 18394 的规定		GB 18394
理化指标	理化指标	鲜、冻分割牛肉理化指标应符合 GB 2707 的规定	GB/T 17238	挥发性盐基氮:GB 5009.228、铅:GB 5009.12、砷:GB 5009.11、镉:GB 5009.15、汞:GB 5009.17
	净含量	净含量以产品标签或外包装标注为准,负偏差应符合《定量包装商品计量监督管理办法》的规定		JJF 1070
微生物要求		鲜、冻分割牛肉微生物指标应符合 GB 18406.3 的规定		菌落总数:GB 4789.2、大肠菌群:GB 4789.3、沙门氏菌:GB 4789.4、致泻大肠埃希氏菌:GB 4789.6
污染物限量	总汞	≤0.05mg/kg(以 Hg 计)	GB 2762	GB 5009.17
	镉	≤0.1mg/kg(以 Cd 计)		GB 5009.15
	铅	≤0.2mg/kg(以 Pb 计)		GB 5009.12
	铬	≤1.0mg/kg(以 Cr 计)		GB 5009.123
	总砷	≤0.5mg/kg(以 As 计)		GB 5009.11
	锡	≤250mg/kg(以 Sn 计。仅适用于采用镀锡薄板容器包装的食品)		GB 5009.16
放射性指标	^{3}H	≤6.5×10^{5}Bq/kg	GB 14882	
	^{89}Sr	≤2.9×10^{3}Bq/kg		
	^{90}Sr	≤2.9×10^{2}Bq/kg		
	^{133}I	≤4.7×10^{2}Bq/kg		
	^{137}Cs	≤8.0×10^{2}Bq/kg		
	^{147}Pm	≤2.4×10^{4}Bq/kg		

续表

产品指标要求		指标要求	标准法规来源	检验方法
放射性指标	^{239}Pu	≤10.0 Bq/kg	GB 14882	
	^{210}Po	≤1.5×10 Bq/kg		
	^{226}Ra	≤3.8×10 Bq/kg		
	^{223}Ra	≤2.1×10 Bq/kg		
	天然钍	≤3.6mg/kg		
	天然铀	≤5.4mg/kg		

实训工作任务单

学习项目	冷鲜肉加工技术	工作任务	冷鲜羊肉制作
时间		工作地点	
任务内容	冷鲜肉原料的处理，冷鲜羊肉生产过程中存在的质量问题与解决方法		
工作目标	素质目标 1. 了解中国冷鲜肉加工行业近几年基本情况 2. 能够列举援疆工程对新疆冷鲜肉行业发展影响的重大事件 技能目标 1. 能够根据标准要求进行冷鲜肉加工原辅料的验收 2. 能够根据原辅料特点对冷却加工工艺参数进行调整 3. 能够预防和解决冷鲜肉加工过程中的主要质量安全问题 知识目标 1. 掌握常见冷鲜肉的主要理化成分和加工特点 2. 掌握冷鲜肉加工的主要原辅料及其验收要求 3. 掌握典型冷鲜肉加工的主要工艺流程和关键工艺参数 4. 掌握冷鲜肉加工中的主要质量安全问题及防（预防）治（解决）方法 5. 掌握冷鲜肉的质量安全标准要求及其评价方法		
产品描述	请描述该产品的特点，感官性状，营养成分等		
实验设备	请列举本次实验使用的设备，并描述操作要点		
操作要点	请根据课程学习和实验操作填写冷鲜肉制作的工艺流程和操作要点		
成果提交	实训报告，冷鲜羊肉产品		
相关标准/验收标准	请根据课程学习和实验操作填写冷鲜肉的相关验收标准，包括指标名称、指标要求、检测方法、来源标准法规		
实验心得	本次实验有哪些收获？产品的关键控制点和容易出现的问题有哪些		
提示			

工作考核单

学习项目	冷鲜肉加工技术		工作任务	冷鲜羊肉制作		
班级			组别		(组长)姓名	
序号	考核内容	考核标准	分数	权重		
				自评 30%	组评 30%	教师评 40%
1	学习态度	积极主动，实事求是，团队协作，律己守纪				
2	组织纪律	上课考勤情况				
3	任务领会与计划	理解生产任务目标要求，能查阅相关资料，能制订生产方案				
4	任务实施	能根据生产任务单和作业指导书实施生产步骤，完成任务				
5	项目验收	依据相关技术资料对完成的工作任务进行评价				
6	工作评价与反馈	针对任务的完成情况进行合理分析，对存在问题展开讨论，提出修改意见				
	合计					
评语						

指导老师签字_____

任务二　熏烧烤肉制品加工

学习目标

【素质目标】

1. 了解中国熏烧烤肉加工行业近几年基本情况

2. 能够列举援疆工程对熏烧烤肉行业发展影响的重大事件

【技能目标】

1. 能够根据标准要求进行加工原辅料的验收
2. 能够根据原辅料特点和成分对加工工艺参数进行调整
3. 能够预防和解决熏烧烤肉加工过程中的主要质量安全问题

【知识目标】

1. 了解掌握常见熏烧烤肉制品的种类
2. 掌握熏烧烤肉加工的主要原辅料及其验收要求
3. 掌握熏烧烤肉加工的主要工艺流程和关键工艺参数
4. 掌握熏烧烤肉加工中的主要质量安全问题及防（预防）治（解决）方法
5. 掌握熏烧烤肉的质量安全标准要求及其评价方法

 任务资讯（任务案例）

　　熏烧烤肉制品因其独特的烟熏和烤制风味，深受消费者特别是年轻人的喜爱。熏烧烤肉制品是指以鲜、冻畜禽肉为原料，经选料、修割、腌制后，再以烟气、高温空气、明火或高温固体为媒介加热制成的熟肉制品。常见的熏烧烤肉制品有烤羊腿肉、烧鹅、烤串、叫花鸡、烤乳猪等，可分为熏烤类、烧烤类。

　　新疆是一个多民族聚集的地方，以食用牛羊肉为主。新疆牛羊品种资源丰富，新疆褐牛、哈萨克羊、多浪羊等地方优良品种长期在天然草场放牧，是在数百年的自然选择和人工培育过程中，逐渐形成的具有新疆地域特色的优良地方品种，具有耐粗饲、抗病力强等生物学特性。

　　新疆虽然有较好的品种资源，但是新疆牛羊肉组织化程度较低，小户、散户的小规模养殖难以与大市场直接对接，大多为自给自足的生产模式，羊肉产品商品率较低；随着市场经济的发展和完善，各种专业合作社、协会也应运而生，他们不仅与市场有着密切的联系，而且拥有较好的信息渠道，拥有属于自己的产供销一体化组织，通过有组织、有规模的生产经营，使农户能够直接与市场和企业对接，所以新疆牛羊肉从农产品到工业化的肉制品加工还需要不断完善。加强牛羊等肉类加工、屠宰技术的研究与开发，在确保新疆牛羊肉产品独特风味的前提下，实现"包装规格化、质量等级化、重量标准化"，从而逐步与国际市场的要求接轨，力争提高新疆商品牛羊肉的工业化生产水平、畜产品加工能力。

 任务发布

　　熏烧烤肉是我国传统的肉制品，在我国食用熏烧烤肉有较长的历史，其中烤全羊、烤肉串深受广大消费者的喜爱，新疆有较多的肉制品加工厂，生产预包装熏烧烤肉制品要依据国家标准法规的要求进行，并且肉制品加工厂要有符合生产条件的环境、设备设施、专业的人员、原辅料等；本章节以生产烤羊腿肉为例，如果新疆某肉制品生产企业要生产包装的烤羊腿肉，那么该企业生产烧烤肉的原辅料需要验收哪些资质？主要工艺流程有哪些？生产过程卫生控制要符合哪些要求？该企业生产过程中可能面临哪些质量安全问题？让我们带着这些问题进一步去学习。

任务分析

依据《熏烧焙烤盐焗肉制品加工技术规范》（GB/T 34264）中熏烤是指以畜禽肉或其可食副产品等为主要原料，配以调味料（含食品添加剂）在烤箱或烟熏炉中，利用合适的木材、木屑等材料不完全燃烧而产生的熏烟或使用烟熏液使肉制品增添特有的烟熏风味的一种方法。

烧烤指以畜禽肉或其可食副产品等为主要原料，配以调味料（含食品添加剂），置于木炭或电加热装置中烤制熟化的过程。

要进行烤羊腿肉的加工，需要根据食品生产许可的要求具备生产场所、设备设施、人员管理和制度管理等方面的要求，获得相应品类的食品生产许可证，才能开展生产工作。在熏烧烤肉的加工方面，首先，要了解生产肉制品的主要肉源资质要求，以及不同的肉源的主要理化成分和加工特点，根据标准要求验收采购原料；其次，要按照熏烧烤肉加工的基本工艺流程和参数开展生产加工，在加工过程中要利用各种技术手段预防或解决各类产品质量安全问题，确保产品质量安全；最后，要根据成品标准对成品进行检验。

任务实施

一、生产规范要求

（一）环境场所

良好的卫生环境是生产安全食品的基础，熏烧烤肉生产企业的生产环境应符合《食品安全国家标准 食品生产通用卫生规范》（GB 14881）、《熟肉制品企业生产卫生规范》（GB 19303）的相关规定，厂区选址应远离污染源、畜禽养殖场，且厂区内不得饲养动物，应有防止鼠害、虫蝇滋生的设施，环境整洁。熏烧烤肉生产场所还应建在地势较高地区，厂区周围地势干燥，水源充足，交通方便，无有毒有害气体、灰沙及其他污染源。道路硬化，铺设混凝土、沥青或者其他硬质材料；有排水系统，正常气候条件下不应有扬尘或积水等现象；厂区应便于排放积水和污水。厂区和进入厂区的主要道路（包括车库或车棚）铺设适于车辆通行的坚硬路面（如混凝土或沥青路面），路面平坦。厂区内不得有臭水沟、垃圾堆或其他有碍卫生和环境整洁的场所。各功能区域有适当的分离或分隔措施，减少环境对食品生产带来潜在的污染风险；生产作业区与生活区分开设置；生产区应有适当的封闭措施，防止外界人员和牲畜的非正常进出。肉品原料、辅料和成品的存放场所（库）分开设置，不得直接相通或共用一个通道。冷库原料肉与分割、处理车间应有相连的封闭通道。工厂或车间专用的污水与污物处理设施应与食品生产和加工、储存场所分开，并间隔适当的距离。

熏烧烤肉制品的生产车间依其清洁度要求一般分为：一般作业区（包括原料仓库、包材仓库、外包装车间、成品仓库等）、准清洁作业区（包括预处理车间、配料间、腌制间、热加工区等）、清洁作业区（冷却间、内包装车间，以及有特殊清洁要求的辅助区域如脱去外包装且经过消毒后的内包材暂存间等）。准清洁作业区、清洁作业区应分别设置工器具清洁消毒区域，防止交叉污染；并且对于准清洁作业区、清洁作业区内易产生冷凝水的生产车间应有避免冷凝水滴落到裸露产品的防护措施，顶棚设计应避免冷凝水垂直滴下。不同清洁作业区之间的人员通道应分隔；如设有特殊情况使用的通道时，应采取有效措施防止交叉污染。应设置物料运输通道，不同清洁作业区之间的物料通道应分隔。热加工间为生熟加工区分界，应设有生料入口和熟料出口，分别通往生料加工区和熟料加工区。畜、禽产品冷库与分割、处理车间应有相连的封闭通道，或其他有效措施防止交叉污染。不同清洁作业区应分别设置人员入口、更衣室和洗手、消毒、干手等设施。生产车间应设置工器具清洗间，不同清洁作业区的工器具应能清楚区分，工器具存放应按洁净要求设置置物架，分别存放，不应交叉混用。企业应根据相关标准、规范并结合原料及产品特点和工艺要求控制各生产车间环境，在企业制度文件中规定生产车间环境的温/湿度监控要求。腌制车间温度不应高于4℃。其他生产车间的环境温度应根据产品加工工艺要求加以控制。产品冷藏库环境温度应控制在0~4℃，冷冻库不应高于−18℃，冷库应合理配备温度超限报警装置。其他方式贮存的产品应根据产品工艺过程及特点，按照制定的贮存温度范围配备仓库。

（二）设备设施

熏烧烤肉制品生产企业应配备与生产能力和实际工艺相适应的设备，生产设备应有明显的运行状态标识，并定期维护、保养和验证。设备安装、维修、保养的操作不应影响产品质量和食品安全。设备应进行验证或确认，确保各项性能满足工艺要求，无法正常使用的设备应有明显标识。

熏烧烤肉制品所需设备一般包括：生料加工设备（如解冻机、化冻池、绞肉机、斩拌机、嫩化机、滚揉机）、配料设备、成型设备、热加工设备（如烤炉、烟熏设备）、包装设备（真空包装机、封口机等）、速冻设备（如需要）。

二、原辅材料要求

（一）生鲜羊肉营养成分

新疆羊肉质地鲜嫩无膻味，在国际国内肉食市场上享有盛誉。

根据《中国食物成分表》（2018年版），羊肉的主要成分见表1。

表1 羊肉一般营养素成分表（以每100g可食部计）

食物成分名称	食物名称	
	羊肉（代表值）[1]	羊腿肉
水分/g	72.5	75.8
能量/kJ	581	462
蛋白质/g	18.5	19.5

续表

食物成分名称	食物名称	
	羊肉（代表值）[1]	羊腿肉
脂肪/g	6.5	3.4
碳水化合物/g	1.6	0.3
不溶性膳食纤维/g	0.0	0.0
胆固醇/mg	82	83
灰分/g	1.0	1.0
维生素 A/μg RAE	8	8
胡萝卜素/μg	0	0
视黄醇/μg	8	8
维生素 B_1/mg	0.07	0.05
维生素 B_2/mg	0.16	0.19
烟酸/mg	4.41	6.00
维生素 C/mg	Tr	Tr[2]
维生素 E/mg	0.48	0.34
钙/mg	16	6
磷/mg	161	182
钾/mg	300	143
钠/mg	89.9	60.0
镁/mg	23	20
铁/mg	3.9	2.7
锌/mg	3.52	2.18
硒/μg	5.95	4.49
铜/mg	0.13	0.16
锰/mg	0.06	0.08

注：1. 代表值是指当来自不同地区的同一种食物有多个的时候，为了便于使用，《中国食物成分表》（2018年版）对不同产区或不同品种的多条同个食物营养素含量计算了"x"代表值。

2. 符号"Tr"，表示未检出或微量，低于目前应用的检测方法的检出限或未检出。

（二）原料肉验收要求

依据《熟肉制品企业生产卫生规范》（GB 19303），用于加工熟肉制品的原料肉经兽医检验合格，分别符合 GB 2707、GB 2710 及其他有关国家标准的规定。宜使用经过实施 GB 12694 的企业生产的肉类原料。不得采购和使用未经兽医检验、未盖兽医卫生检验印戳、未开检疫证明的肉，也不得采购和使用虽有印戳、证明，但不符合卫生和质量要求的原料肉。且原料在接收或正式入库前必须经过对其卫生、质量的审查，对产品生产日期、来源、卫生和品质、卫生检验结果等项目进行登记验收后，方可入库。

（三）原料肉的贮存要求

生产熏烧烤肉制品的主要原料为鲜肉或冻肉，因为原料肉的不耐存储的特点需要冷藏或冷冻保存，冻肉原料应贮藏在-18℃以下的冷库内；冷鲜肉应吊挂在通风良好、无污染源、室温0~4℃的专用库内；同一库内不得贮藏相互影响风味的原料。冻肉、冷鲜肉原料在冷库贮存时在垫板上分类堆放并与墙壁、顶棚、排管有一定间距。原料的入库和使用应本着先进先出的原则，贮藏过程中随时检查防止风干、氧化、变质。肉品在贮存过程中，应采取保质措施，并切实做好质量检查与质量预报工作，及时处理有变质征兆的产品。

三、加工工艺操作

依据《肉制品生产许可证审查细则》，熏烧烤肉的工艺流程一般包括：选料、原料前处理（解冻、修整等）、机械加工（绞碎、斩拌、滚揉、乳化等）、充填或成型、热加工（熏、烧、烤、蒸煮等）、冷却、包装等主要工艺流程，具体加工要求如下：

（一）烤羊腿肉的加工

烤羊腿肉是历史悠久的传统风味肉食品之一，羊肉细嫩，易消化，属高蛋白、低脂肪、低胆固醇的食品。新工艺充分利用现代化工艺技术及设备条件对传统产品进行改进，使之在保持传统特色的前提下，改善其感官和营养特性，延长保存期。该工艺以羊后腿肉为原料，采用盐水注射、真空滚揉的西式工艺，通过低温较长时间腌制增香，再经烧烤、真空包装和杀菌等工序，有烤羊腿肉的独特风味和嫩度，制成一种食用方便、营养丰富的新型烤羊腿肉。

1. 工艺流程

选料→修整→配料→腌制→真空滚揉→粘料→烧烤→真空包装→杀菌→成品。

2. 操作要点

（1）选料与修整：选择卫生合格的羊后腿肉为原料，经充分排酸的鲜羊肉为佳；冻羊肉贮存期不超过3个月，并采用较低温下自然解冻法解冻。修去表面筋膜，水漂洗除尽血水，捞出沥干水分。切成1.5kg左右的大块。

（2）配料（腌制液）：腌制液需提前1h配好，配制时要严格按照配制程序进行。每种配料添加后都要待完全溶解后再放另一种，待所有添加料全部加入搅拌溶解后，放入4~5℃的冷库内备用。

（3）腌制：将整理好的肉块，用盐水注射机注射。注射针应在肉层中适当地上下移动，使盐水能正常地注入肉块组织中。操作时尽可能注射均匀，盐水量控制在肉重量的4%~5%。

（4）真空滚揉：通过滚揉，能够促进腌制液的渗透，输送肌肉组织，有利于肌球蛋白溶出，并且由于添加剂对原料肉离子强度的增强作用和蛋白等电点的调整作用，从而提高制品的出品率，改善制品的嫩度和口感。将滚揉机放在0~3℃的冷库中进行，防止肉温超过10℃，一般采用间歇式滚揉，即滚揉10min，停止20min，滚揉总时间10h。

（5）蘸料：将所配制好的蘸料均匀地撒在每块肉上。

（6）烧烤：将蘸好料的肉块分别穿在钩架上，挂入远红外线烤炉进行烤制，温度130~140℃最佳，时间约50min。注意烧烤温度不能低于125℃，烧烤时间根据原料而定，至表面色泽黄红，香味四溢，外酥里嫩即可。

（7）真空包装：冷却后的烤羊腿肉用蒸煮袋进行真空包装（如200g/袋）。

（8）杀菌：真空封口后低温二次杀菌，宜85~90℃煮制30min，急速冷却30min，再次在85~90℃杀菌30min。

（二）烧烤肉加工废弃物处理

烧烤肉生产工厂的废水，主要来自原料处理阶段的解冻、清洗等，以及冲洗设备、地面的污水，煮制过程中更换出来的污水。废水产生量较大，主要含有碎肉、血、油脂及盐类、蛋白质、氮和氨态氮，也可能含有少量的微生物；如果这些污水不进行处理直接排放会对周围环境造成严重的危害，所以肉制品加工工厂会对加工污水先进行预处理后再排放。

我国用于肉类加工废水的处理技术有很多，根据处理程度的不同，分为预处理工艺、二级处理工艺、深度处理工艺。针对肉类加工废水的高悬浮物、高油脂的水质特点，通常采取格栅、隔油、絮凝气浮/沉淀等物化法作为预处理工艺；针对废水较高的COD、BOD、NH_4^+—N，通常采取好氧、厌氧或二者组合的生化法作为二级处理工艺。截至目前，我国大量的肉类加工废水处理工程实践，除部分地区依据更严格的《水污染物排放标准》地方标准以外，多数经过处理的肉制品加工废水能够达到《肉类加工工业水污染物排放标准》（GB 13457—1992）的要求。

四、主要质量问题及防（预防）治（解决）方法

烧烤肉制品在生产、储藏及销售过程中经常会出现出水、色泽较差、肉的嫩度不够等质量安全问题，以下对这些现象产生的原因进行分析，并介绍常用的解决方法。

（一）抽真空后出水或出库2天后出水

肉制品出水的原因分析有：①滚揉工艺不合理，时间过短；②肉解冻过度，注射盐水温度过高，再加上滚揉间温度不能控制，造成肉蛋白过早变性；③手动注射机注射，造成注射不均匀，局部肉盐水未能注射到，而其中的盐、磷酸盐等添加剂无法发挥作用；④盐水注射机针眼有细肉丝、筋堵塞，盐水无法通过针眼注射到肉中，其中的添加剂无法发挥作用，而这种质量问题最为常见，这就是为什么同批产品大部分正常而极少产品出水，口感差，即所谓的明显个体差异。

提高肉的保水性，在肉制品生产中具有很重要的意义，通常可采取以下方法来提高肉的保水性能。加盐先行腌渍、提高肉的pH值，使其接近中性、用机械方法提取可溶性蛋白质、添加大豆蛋白。添加磷酸盐在肉制品中起乳化、控制金属离子、控制颜色、控制微生物、调节pH值和缓和作用。还能调整产品质地、改善风味、保持嫩度和提高成品率，能够明显提高肉的品质。

（二）色泽较差

色泽是食品的重要感官指标也是消费者最关心的问题，在一定程度上影响着肉类产品的销售。食品的色泽不仅影响产品质量，而且影响消费者的食欲。烤肉的色泽包括其表面色泽与内层肉色泽。

1. 烤肉的表面色泽

烤制品的表面上色过程实质上是美拉德反应过程，即还原糖和氨基酸相互作用形成红黄色至棕褐色的呈色物质，这一过程还会使烤制品产生香气。为了使烤制品外形更加美

观,一般在其表面要涂抹饴糖或蜂蜜,并先吹干。在开始烤制时,一般要用高温,待原料紧缩,表面呈淡黄色时,改用低温,同时要将原料不断翻动并不断刷油,以上方法可形成美观的色泽。

2. 烤肉的内部色泽

在我国传统的烤肉制品中,一般对烤肉的内部色泽没有进行护色处理。所以在烤制及肉的熟化过程中,由于肌红蛋白受热变性,失去防止血红素氧化的作用,因而血红素很快被氧化成灰褐色,严重影响了产品质量。随着肉品工业的发展。人们发现,肉中添加硝酸盐或亚硝酸盐可以起到发色和护色的作用,添加抗坏血酸及其钠盐作为发色助剂。其发色机理是:硝酸盐在亚硝酸菌的作用下还原成亚硝酸盐,亚硝酸盐在酸性条件下生成亚硝酸,亚硝酸很不稳定,分解为亚硝基,与肌红蛋白反应生成鲜艳的、亮红色的亚硝基肌红蛋白,亚硝基肌红蛋白受热后生成较稳定的具有鲜红色的亚硝基血色原。但因为硝酸盐具有致癌性,科研人员研究发现由碳酸钠和五碳糖(木糖)组合,添加10%~30%烟酰胺或L-抗坏血酸钠为助剂,有时再添加含硫氨基酸,其发色效果毫不逊色于硝酸盐和亚硝酸盐,而且安全性高。

(三)肉的嫩度不够

肉的嫩度是消费者评判肉质优劣的常用指标之一。肉的嫩度是指肉在食用时口感的老嫩,由肌肉中各种蛋白质结构特性所决定。影响肉嫩度的因素很多,可以分为宰前因素和宰后因素两大因素。其中,宰前因素主要包括品种、年龄、性别、个体、不同部位、饲养管理条件、用途等。这些因素所导致肉嫩度变化主要是由于肌肉质地和结缔组织的量及其质的差异。宰后因素主要包括尸僵与肌肉收缩、解冻僵直、pH、肉的熟化。宰后嫩化主要介绍滚揉嫩化法和钙盐嫩化法。

1. 滚揉嫩化法

滚揉嫩化是把经过特殊混合液腌制的肉块,用机械方法进行翻滚、揉搓使肌肉组织特性发生改变,加速腌制液在肉块内的渗透和扩散,肉中蛋白质在肉块表面形成黏膜,增加了肉块之间的黏着性和保水能力,防止肉汁渗出,增加了肉的嫩度。滚揉嫩化效果受肉的质量、注射液、滚揉时间、转速、温度、静置时间的影响。

肉的成熟时间、年龄、切割程度及肉的修整都将影响按摩、滚揉效果。根据注射液的不同成分,采取不同的按摩、滚揉方式。磷酸盐可以极大地促进蛋白质的溶解和抽提。滚揉、按摩可促进磷酸盐发挥作用。若磷酸盐的浓度适当,采用轻度的按摩、滚揉就可以达到目的。相反,若磷酸盐浓度不合适,则必须采用足够的按摩、滚揉来弥补。采用的按摩、滚揉时间越长,肌原纤维蛋白的溶解和抽提越充分,按摩、滚揉的效果越好。但该时间必须给以限制,因为按摩、滚揉时间过长,肌纤维破坏过度,溶解和抽提出的蛋白质会由于机械作用而产生过多气泡,并且肌纤维破坏过多,保水网络结构被破坏,不利于保水,对产品的保水力和切片性将产生不利影响。转速越高,蛋白质的溶解和抽提越快,另外,对肌肉的破坏也越大。所以,应该设置合适的滚揉时间达到一个平衡点。

2. 钙盐嫩化法

实验研究结果表明:羊肉中注射肉重3%~5%的100~150mmol/L $CaCl_2$ 溶液,可有效提高羊肉嫩度。美国已把屠宰后尸僵前的肉尸中注射 $CaCl_2$ 溶液提高肉嫩度的方法用于牛肉生产，并取得了很好的效果。用这种方法嫩化的肉在 24h 内嫩度提高，而自然成熟则需 3~7d 才能完成。因此，在肉类工业中使用钙盐能够实现肉的嫩化。

五、成品质量标准及评价

《食品安全国家标准 熟肉制品》（GB 2726—2016）标准规定了熟肉制品的感官要求、重金属限量要求等食品安全要求及其检测方法。其中规定，污染物限量应符合 GB 2762 的规定；致病菌限量应符合 GB 29921 的规定；微生物限量应符合 GB2726 中表 2 的规定。烤羊腿肉指标要求见表 2。

表 2 烤羊腿肉指标要求

产品指标		指标要求	标准法规来源	检验方法
原料要求		原料应符合相应的食品标准和有关规定		
感官要求	色泽	具有产品应有的色泽		GB 2726
	滋味、气味	具有产品应有的滋味和气味，无异味，无异臭		
	状态	具有产品应有的状态，无正常视力可见外来异物，无焦斑和霉斑		
微生物要求	菌落总数	$n=5$，$c=2$，$m=104$，$M=10^5 CFU/g$	GB 2726	GB 4789.2
	大肠菌群	$n=5$，$c=2$，$m=10$，$M=10^2 CFU/g$		GB 4789.3
污染物限量	苯并[a]芘	≤5.0μg/kg		GB 5009.27
	镉	≤0.1mg/kg（以 Cd 计）		GB 5009.15
	铅	≤0.5mg/kg（以 Pb 计）		GB 5009.12
	N-二甲基亚硝胺	≤3.0μg/kg		GB 5009.26
	铬	≤1.0mg/kg（以 Cr 计）		GB 5009.123
	总砷	≤0.5mg/kg（以 As 计）		GB 5009.11
	锡	≤250mg/kg（以 Sn 计）。仅适用于采用镀锡薄板容器包装的食品		GB 5009.16
致病菌限量	沙门氏菌	$n=5$，$c=0$，$m=0/25g$（mL），$M=$—	GB 29921	GB 4789.4
	单核细胞增生李斯特氏菌	$n=5$，$c=0$，$m=0/25g$（mL），$M=$—		GB 4789.30
	金黄色葡萄球菌	$n=5$，$c=1$，$m=100CFU/g$，$M=1000CFU/g$		GB 4789.10

实训工作任务单

学习项目	熏烧烤肉制品加工技术	工作任务	烤羊腿肉制作
时间		工作地点	
任务内容	羊腿肉原料的处理，羊腿肉的修整，腌制，烧烤，烤羊腿肉生产过程中存在的质量问题与解决方法		
学习目标	素质目标 1. 了解中国熏烧烤肉加工行业近几年基本情况 2. 能够列举援疆工程对熏烧烤肉行业发展影响的重大事件 技能目标 1. 能够根据标准要求进行加工原辅料的验收 2. 能够根据原辅料特点和成分对加工工艺参数进行调整 3. 能够预防和解决熏烧烤肉加工过程中的主要质量安全问题 知识目标 1. 了解掌握常见熏烧烤肉制品的种类 2. 掌握熏烧烤肉加工的主要原辅料及其验收要求 3. 掌握熏烧烤肉加工的主要工艺流程和关键工艺参数 4. 掌握熏烧烤肉加工中的主要质量安全问题及防（预防）治（解决）方法 5. 掌握熏烧烤肉的质量安全标准要求及其评价方法		
产品描述	请描述该产品的特点，感官性状，营养成分等		
实验设备	请列举本次实验使用的设备，并描述操作要点		
操作要点	请根据课程学习和实验操作填写烤羊腿肉制作的工艺流程和操作要点		
成果提交	实训报告，烤羊腿肉成品		
相关标准/验收标准	请根据课程学习和实验操作填写烤羊腿肉的相关验收标准，包括指标名称、指标要求、检测方法、来源标准法规		
实验心得	本次实验有哪些收获？产品的关键控制点和容易出现的问题有哪些		
提示			

工作考核单

学习项目	烤羊腿肉加工技术		工作任务	烤羊腿肉制作	
班级		组别		（组长）姓名	
序号	考核内容	考核标准	分数	权重 自评 30%	组评 30%	教师评 40%
1	学习态度	积极主动，实事求是，团队协作，律己守纪				
2	组织纪律	上课考勤情况				

23

续表

序号	考核内容	考核标准	分数	权重		
				自评	组评	教师评
				30%	30%	40%
3	任务领会与计划	理解生产任务目标要求，能查阅相关资料，能制订生产方案				
4	任务实施	能根据生产任务单和作业指导书实施生产步骤，完成任务				
5	项目验收	依据相关技术资料对完成的工作任务进行评价				
6	工作评价与反馈	针对任务的完成情况进行合理分析，对存在问题展开讨论，提出修改意见				
	合计					
评语						

指导老师签字＿＿＿＿＿

任务三　酱卤肉制品加工

 学习目标

【素质目标】

1. 了解中国酱卤肉制品加工行业近几年基本情况
2. 了解主要酱卤肉制品的行业特点

【技能目标】

1. 能够根据标准要求进行酱卤肉制品加工原辅料的验收
2. 能够根据酱卤肉制品原辅料特点和成分对加工工艺参数进行调整
3. 能够预防和解决酱卤肉制品加工过程中的主要质量安全问题

【知识目标】

1. 掌握常见原料肉的主要理化成分和加工特点
2. 掌握酱卤肉制品加工的主要原辅料及其验收要求

3. 掌握典型酱卤肉制品加工的主要工艺流程和关键工艺参数
4. 掌握酱卤肉制品加工中的主要质量安全问题及防（预防）治（解决）方法
5. 掌握酱卤肉制品成品的质量安全标准要求及其评价方法

 任务资讯（任务案例）

我国是肉类生产和消费大国，肉类总产量占世界总产量三分之一左右，为国内肉制品生产提供了丰富的原料。我国肉制品加工业经历了冷冻肉、高温肉制品、冷却肉、低温肉制品、传统肉制品工业化和营养肉制品加工等发展阶段。经过多年发展，在品质提升、营养保持、标准加工、安全控制及绿色制造等共性关键技术的研发上获得了不小的成就。

肉制品是肉类的加工品，是指用畜禽肉为主要原料，经调味制作的熟肉制成品或半成品，包括：香肠、火腿、培根、酱卤肉、烧烤肉、肉干、肉脯、肉丸、调理肉串、肉饼、腌腊肉、水晶肉等。

国家统计局数据显示，2019 年上半年，猪牛羊禽肉产量 3911 万吨。2020 年上半年，受新冠肺炎疫情、非洲猪瘟及进出口贸易的多重打击，生猪产能恢复不尽如人意。2020 年上半年全国生猪出栏 25103 万头，比上年同期减少 6243 万头，下降 19.9%；猪牛羊禽肉产量下降 10.8%。

据国家统计局数据，2019 年全国规模以上屠宰及肉制品加工企业 3503 家，共计完成营业收入 10169.3 亿元，同比增长 16.1%，全行业实现利润 506.7 亿元，同比增长 34.5%。国内肉类总产量为 7649 万吨，肉制品产量 1775 万吨。

 任务发布

新疆土地辽阔、幅员广大，草原资源丰富，牛羊养殖数量多，牛羊肉及其制品出于其得天独厚的优势，品质较高，深受消费者喜爱。

新疆某企业欲生产酱牛肉产品，请问该企业为了确保产品品质，在原辅料验收时候需要符合什么要求？酱牛肉生产的主要工艺流程有哪些？生产过程卫生控制要符合哪些要求？该企业在酱牛肉生产过程中可能面临哪些质量安全问题？如何预防和改善？酱牛肉成品的验收标准分别有哪些？

 任务分析

依据《食品安全国家标准　熟肉制品》（GB 2726—2016），熟肉制品是指以鲜（冻）畜、禽产品为主要原料加工制成的产品，包括酱卤肉制品类、熏肉类、烧肉类、烤肉类、油炸肉类、西式火腿类、肉灌肠类、发酵肉制品类、熟肉干制品和其他熟肉制品。

依据《酱卤肉制品》（GB/T 23586—2009），酱卤肉制品是指以鲜（冻）畜禽肉和可食副产品放在加有食盐、酱油（或不加）、香辛料的水中，经预煮、浸泡、烧煮、酱制（卤制）

等工艺加工而成的酱卤系列肉制品。根据加工工艺不同可分为两大类：酱制品类、卤制品类。酱制品类是指以鲜（冻）畜、禽肉为主要原料，经清洗、修选后，配以香辛料等，去骨（或不去骨）、成型（或不成型），经烧煮、酱制等工序制作的熟肉制品。卤制品类是指以鲜（冻）畜、禽肉为主要原料，经清洗、修选后，配以香辛料等，去骨（或不去骨）、成型（或不成型），经烧煮、卤制等工序制作的熟肉制品。酱牛肉则属于酱卤肉制品中的酱制品类。

要进行酱牛肉的加工，需要分别根据酱牛肉食品生产许可的要求具备环境场所、设备设施、人员制度等方面的要求，获得热加工熟肉制品品类的食品生产许可证，才能开展生产工作。在加工方面，首先，要了解生产各种不同的酱牛肉所用原料的主要品种，以及各个品种的主要理化成分和加工特点，根据标准要求验收采购原料；其次，要按照基本工艺流程和参数开展生产加工，在加工过程中要利用各种技术手段预防或解决各类产品质量安全问题，确保产品质量安全；最后，要根据成品标准对成品进行检验。

任务实施

一、生产规范要求

（一）环境场所

良好的卫生环境是生产安全食品的基础，肉制品生产企业应符合《食品安全国家标准　畜禽屠宰加工卫生规范》（GB 12694—2016）及《食品安全国家标准　食品生产通用卫生规范》（GB 14881）等相关标准的相关要求。厂区选址应远离污染源，周围无虫害大量孳生的潜在场所，环境整洁。厂区布局合理，各功能区域划分明显，包括原辅料库、生产车间、检验室等；设计与布局合理，便于设备的安装、清洗、消毒等；道路硬化，铺设混凝土、沥青或者其他硬质材料；厂区绿化与生产车间保持适当距离，生活区及生产区分开。有合理的排水系统，污水处理设施等应当远离生产区域和主干道，并位于主风向的下风处，排放应符合相关规定。场所应具有良好的照明和通风，应提供足够且方便的厕所，厕所区应配备自动开关的门。凡是流程需要的场合，应提供足够且方便的设施，供员工洗手和干燥手。

厂区应设有废弃物、垃圾暂存或处理设施，废弃物应及时清除或处理，避免对厂区环境造成污染。厂区内不应堆放废弃设备和其他杂物。废弃物存放和处理排放应符合国家环保要求。厂区内禁止饲养与屠宰加工无关的动物。

（二）设备设施

设备设施应符合《食品安全国家标准　畜禽屠宰加工卫生规范》（GB 12694—2016）第五章的要求。包括供水设施、排水设施、清洁消毒设施、设备和器具、通风设施、照明设施、照明设施、废弃物存放与无害化处理设施的要求。此外，肉制品加工过程中最常用的是切（绞）肉设备和煮制设备。

切（绞）肉设备。切肉机通过更换不同的刀具，可以根据需要切割成不同规格的肉块或肉片。绞肉机通过调换筛板，可绞成大小不同的肉粒。切肉机和绞肉机，各地均有生产，可根据实际条件选用不同的规格型号。

煮制设备。煮制是生产肉制品的熟制过程，可分为水煮和蒸煮两种方式。水煮法可用一般的煮锅或夹层锅，通过煤或蒸汽等热源，加温煮制。蒸煮法通常是将灌好的肉品挂在炉内或放在蒸煮桶内，通过温度控制阀通入蒸汽，加热进行熟制。

二、原辅材料要求

（一）原料品种及其成分

酱牛肉的主要原料是牛肉，根据《中国食物成分表》（2018年版），牛肉的主要成分见表1。

表1 牛肉一般营养素成分表（以每100g可食部计）

食物成分名称	食物名称
	牛肉（代表值，fat 9g）[1]
水分/g	69.8
能量/kJ	160
蛋白质/g	20.0
脂肪/g	8.7
碳水化合物/g	0.5
不溶性膳食纤维/g	0.0
胆固醇/mg	58
灰分/g	1.1
维生素 A/μg RAE	3
胡萝卜素/μg	0
视黄醇/μg	3
维生素 B_1/mg	0.04
维生素 B_2/mg	0.11
烟酸/mg	4.15
维生素 C/mg	Tr[2]
维生素 E/mg	0.68
钙/mg	5
磷/mg	182
钾/mg	212
钠/mg	64.1
镁/mg	22
铁/mg	1.8
锌/mg	4.7
硒/μg	3.15
铜/mg	0.05
锰/mg	0.03

注：1. 代表值是指当来自不同地区的同一种食物有多个的时候，为了便于使用，《中国食物成分表》（2018年版）对不同产区或不同品种的多条同个食物营养素含量计算了"x"代表值。

2. 符号"Tr"，表示未检出或微量，低于目前应用的检测方法的检出限或未检出。

(二) 原料验收要求

依据《酱卤肉制品》（GB/T 23586—2009），酱卤肉制品的主要原料包括原料肉、酱油、盐、味精以及各种调味品、香辛料等，应分别符合各自的食品安全标准要求。

三、加工工艺操作

依据《肉制品生产许可证审查细则》，酱卤肉工艺流程中的关键控制环节包括原辅料质量、添加剂、热加工温度和时间、产品包装和贮运。

1. 工艺流程

原料选择→修整→配料→调酱→装锅→酱制→冷却→包装。

2. 配料配方

主料：生牛肉 100kg。

辅料：黄酱 10 kg，食盐 3kg，桂皮 250g，丁香 250g，砂仁 250g，大茴香 500g。

3. 操作要点

（1）选料整理：选用不肥不瘦的新鲜牛肉，先用冷水浸泡，清除淤血，用板刷将肉洗刷干净，剔除骨头。然后切成 0.75~1kg 的肉块，厚度不超过 40cm。切好的肉块，放在清水中冲洗一次，按肉质老嫩分别存放。

（2）调酱：锅内加入清水 50kg 左右，稍加温后，将食盐的一半用量和黄酱放入。煮沸 1h，撇去浮在汤面上的酱沫，盛入容器内备用。

（3）装锅：先在锅底和四周垫上骨头，使肉块不紧贴锅壁，按肉质老嫩将肉块码在锅内，老的肉块码在底部，嫩的放在上面，前腿、腱子肉放在中间。

（4）酱制：肉块在锅内放好后，倒入调好的酱汤。煮沸后加入各种配料，用压锅板压好，添上清水，用旺火煮制 4h 左右。煮制第 1h 后，撇去汤面浮沫，再每隔 1h 翻锅 1 次。根据耗汤情况，适当加入老汤，使每块肉都能浸在肉汤中。再用微火煨煮 4h，使香味慢慢渗入肉中。煨煮时，每隔 1h 翻锅 1 次，使肉块熟烂一致。

（5）出锅：出锅时为保持肉块完整，要用特制的铁拍子，把肉一块一块地从锅中托出，并随手用锅内原汤冲洗，除去肉块上沾染的料渣，码在消过毒的屉盘上，冷却后即为成品。

四、主要质量问题及防（预防）治（解决）方法

相比于国外先进的酱卤肉制品技术，我国的卤肉制品行业仍处于缓慢发展的状态，并且仍是以传统加工作坊生产模式为主。酱卤肉制品的生产工艺可能导致产品中会出现一些微生物，但不足以对人体健康产生危害。如果在加工过程中出现问题，则会对产品的品质及质量造成很大程度的破坏。因此会导致酱卤肉制品在加工、流通和销售环节中出现微生物污染、氧化变质以及添加剂超标等问题。

（一）微生物污染问题

由于酱卤肉制品的生产工艺及产品特点导致其具有易腐败的特性，而导致其变质与腐败的主要原因是由细菌、酵母菌、霉菌等微生物引起的。其中细菌包括了需氧环境下的芽孢杆菌以及厌氧环境下的厌氧性梭状芽孢杆菌，在环境温度较高时也容易导致酱卤肉的变质腐败，同时具有耐酸碱性的芽孢杆菌能够在人体胃酸环境中也保持活跃。另外，热抵抗力较弱的非

芽孢杆菌易在常温的条件下致使酱卤肉卤水变质腐败。酵母菌常见于真空包装的酱卤肉制品中，因其厌氧、耐高糖以及耐高盐的特性，使含糖量较高的卤水中的多糖分解，变稠并且变质腐败。

为了避免微生物污染，首先需要保证原料的品质，使用被微生物污染的肉或者有病害的肉品都会影响酱卤肉终产品的品质和质量。在加工前需要对肉品进行处理，尽可能采用全程冷藏的运输贮藏方式，严格遵守先进先出等规则。

其次，生产车间的环境卫生和设施设备的清洁都需要被严格监控。车间中存在的污染物会导致酱卤肉制品被污染，加快了产品中微生物的增长速度，致使产品更易腐败变质。为了避免这种情况的发生，企业需对车间员工进行全面的食品安全知识培训，以避免加工过程中的食品安全问题。另外，企业在设计车间布局时应当生熟分离，根据区域进行相应的清洁，及时清洁地面及设施设备，杜绝交叉污染等情况发生。

（二）氧化变质问题

由于酱卤肉制品中含有丰富的蛋白质，在贮存过程中由于酶与微生物作用，使蛋白质分解、脂肪氧化，从而导致了产品氧化变质的现象。其次，由于酱卤肉制品的生产设备较为简单，以及加工过程中自动化程度低，使得酱卤肉制品的品质不稳定，较难实现标准化生产。为了延长酱卤肉制品的货架期，可以通过使用真空包装、杀菌技术以及添加剂来改善产品的质量以及延长产品的保质期。

首先，采用真空包装可以隔绝肉制品与空气，推荐使用铝箔材质的包装接触材料，不仅可以防止产品氧化变质和微生物污染，还能够在一定程度上保护酱卤肉制品因阳光照射而造成的外观上的变化。

其次，使用杀菌技术可以有效地延长酱卤肉制品的保质期。高温杀菌是食品包装杀菌模式，通过这个工艺可以有效地解决产品在包装过程中引起的二次污染问题，也可通过高温杀菌工艺进一步加工产品。但是经过高温杀菌的酱卤肉制品会失去其原有的外观以及风味，也可能导致产品质地上的改变。因此可以使用微波杀菌、辐照杀菌等非热杀菌技术，在保持酱卤肉制品风味质地的基础上延长其保质期。微波杀菌是采用电磁波震动所产生的高能量分子摩擦产生的热进行杀菌，微波能与酱卤肉制品中微生物直接作用，高效且低能耗。有研究证明，微波杀菌对于酱卤肉制品起到了良好的杀菌作用。

另外，可以使用一些添加剂来增加酱卤肉制品的保质期。在降低高温杀菌温度的情况下，适当地添加一些添加剂（如乳酸链球菌素、乳酸钠、山梨酸钾等）来延长产品的货架期。其中防腐剂又分为化学防腐剂、天然防腐剂以及复合防腐剂。企业可以根据酱卤肉制品的原料、类型等不同的方面来确定使用具体的类别。

（三）添加剂超标

酱卤肉制品常见的问题之一便是添加剂超标。添加剂常用于肉制品防腐、卤汁增稠、帮助着色、肉制品嫩化保水等功效，不仅能够延长其保质期，还能改善酱卤肉制品的感官以及风味。但是往往在加工过程中容易发生因使用不当而造成的超标风险事件。企业需要严格遵守 GB 2760，对添加剂购入、出入库、配料等过程进行详细的记录，配备专有的添加剂储藏库，不得与其他配料混杂。对于相关人员进行严格的培训，确保配料环节不会出现差错。

五、成品质量标准及评价

《酱卤肉制品》（GB/T 23586—2009）标准规定了酱卤肉制品的术语和定义、产品分类、技术要求、试验方法、检验规则和标签、标志、包装、运输、贮存的要求。其中规定，污染物限量应符合 GB 2762 的规定；致病菌限量应符合 GB 29921 的规定。

依据上述规定，整理出酱牛肉应符合的质量安全标准如表 2 所示。

表 2　酱牛肉应符合的质量安全标准

产品指标要求		指标要求	标准法规来源	检验方法
原料要求		1. 鲜、冻分割牛肉应符合 GB/T 17238 的规定 2. 水应符合 GB 5749 的规定 3. 食用盐应符合 GB/T 5461 的规定 4. 谷氨酸钠应符合 GB/T 8967 和 GB 5009.43 的规定 5. 酱油应符合 GB 2717 的规定 6. 酱应符合 GB 2718 的规定 7. 其他原辅料及食品添加剂质量应符合国家相关标准及有关规定	GB/T 23586	
感官要求	外观形态	外形整齐，无异物		GB/T 23586
	色泽	酱制品表面为酱色或褐色，卤制品为该品种应有的正常色泽		
	口感风味	咸淡适中，具有酱卤制品特有的风味		
	组织形态	组织紧密		
	杂质	无肉眼可见的外来杂质		
理化指标	蛋白质	≥20.0g/100g		GB 5009.5
	水分	≤70g/100g		GB 5009.3
	食盐	≤4.0g/100g（以 NaCl 计）		GB 5009.44
	净含量	应符合《定量包装商品计量监督管理办法》		JJF 1070
微生物要求		应符合 GB 2726 的规定。罐头工艺生产的酱卤肉制品应符合罐头食品商业无菌的要求		GB/T 4789.17、GB 4789.26

续表

产品指标要求		指标要求	标准法规来源	检验方法
污染物限量	镉	≤0.1mg/kg（以 Cd 计）	GB 2762	GB 5009.15
	铅	≤0.5mg/kg（以 Pb 计）		GB 5009.12
	N-二甲基亚硝胺	≤3.0μg/kg		GB 5009.26
	铬	≤1.0mg/kg（以 Cr 计）		GB 5009.123
	总砷	≤0.5mg/kg（以 As 计）		GB 5009.11
	锡	≤250mg/kg（以 Sn 计。仅适用于采用镀锡薄板容器包装的食品）		GB 5009.16
致病菌限量	沙门氏菌	$n=5$，$c=0$，$m=0/25g$（mL），$M=—$	GB 29921	GB 4789.4
	单核细胞增生李斯特氏菌	$n=5$，$c=0$，$m=0/25g$（mL），$M=—$		GB 4789.30
	金黄色葡萄球菌	$n=5$，$c=1$，$m=100CFU/g$，$M=1000CFU/g$		GB 4789.10

实训工作任务单

学习项目	酱卤肉制品加工技术	工作任务	酱牛肉制作
时间		工作地点	
任务内容			
工作目标	素质目标 1. 了解中国酱卤肉制品加工行业近几年基本情况 2. 了解主要酱卤肉制品的行业特点 技能目标 1. 能够根据标准要求进行酱卤肉制品加工原辅料的验收 2. 能够根据酱卤肉制品原辅料特点和成分对加工工艺参数进行调整 3. 能够预防和解决酱卤肉制品加工过程中的主要质量安全问题 知识目标 1. 掌握常见原料肉的主要理化成分和加工特点 2. 掌握酱卤肉制品加工的主要原辅料及其验收要求 3. 掌握典型酱卤肉制品加工的主要工艺流程和关键工艺参数 4. 掌握酱卤肉制品加工中的主要质量安全问题及防（预防）治（解决）方法 5. 掌握酱卤肉制品成品的质量安全标准要求及其评价方法		
产品描述	请描述该产品的特点，感官性状，营养成分等		
实验设备	请列举本次实验使用的设备，并描述操作要点		
操作要点	请根据课程学习和实验操作填写酱牛肉制作的工艺流程和操作要点		
成果提交	实训报告，酱牛肉产品		

续表

相关标准/验收标准	请根据课程学习和实验操作填写酱牛肉的相关验收标准，包括指标名称、指标要求、检测方法、来源标准法规
实验心得	本次实验有哪些收获？产品的关键控制点和容易出现的问题有哪些
提示	

工作考核单

学习项目	酱卤肉制品加工技术		工作任务		酱牛肉制作	
班级			组别		（组长）姓名	

序号	考核内容	考核标准	分数	权重		
				自评	组评	教师评
				30%	30%	40%
1	学习态度	积极主动，实事求是，团队协作，律己守纪				
2	组织纪律	上课考勤情况				
3	任务领会与计划	理解生产任务目标要求，能查阅相关资料，能制订生产方案				
4	任务实施	能根据生产任务单和作业指导书实施生产步骤，完成任务				
5	项目验收	依据相关技术资料对完成的工作任务进行评价				
6	工作评价与反馈	针对任务的完成情况进行合理分析，对存在问题展开讨论，提出修改意见				
	合计					

评语	
	指导老师签字_____

任务四　腌腊肉制品加工

学习目标

【素养目标】

1. 了解中国腌腊肉加工行业近几年基本情况
2. 了解畜牧业发展趋势

【技能目标】

1. 能够根据标准要求进行腌腊肉加工原辅料的验收
2. 能够根据原辅料特点和成分对加工工艺参数进行调整
3. 能够预防和解决腌腊肉加工过程中的主要质量安全问题

【知识目标】

1. 掌握腌腊肉的主要技术指标和加工特点
2. 掌握腌腊肉加工的主要原辅料及其验收要求
3. 掌握典型腌腊肉加工的主要工艺流程和关键工艺参数
4. 掌握腌腊肉加工中的主要质量安全问题及防（预防）治（解决）方法
5. 掌握腌腊肉制品的质量安全标准要求及其评价方法

任务资讯（任务案例）

中国传统肉制品的发展史悠久和种类繁多，其中典型代表之一就是腌腊肉。腌腊肉的来历，从周朝就有记载，到清朝时已在家家户户中普及自制，逐步形成一定的规模，作坊式生产居多。腌腊肉是以鲜（冻）畜、禽肉或其可食副产品为原料，添加或不添加辅料，经腌制、烘干（或晒干、风干）等工艺加工而成的非即食肉制品。腌腊肉具有肉质紧实，红白分明的色泽，咸鲜可口的味觉，独特的风味，便于携带和贮藏等特点。因其加工方法略有差异和千差万别的原辅料配方形成各具风味的产品，为国民的生活提供了更多的选择。

新疆是畜牧养殖大省，是全国五大牧区之一，其草地面积广且种植业丰富。新疆受地域文化影响，形成了一定规模的肉羊、牛的养殖市场需求，进而带动了新疆的肉羊、牛产业的发展。在国家及自治区政策的大力支持下，新疆着力转变畜牧业生产方式和发展方式，逐步形成了具规模的现代畜牧业体系。参考2021年新疆统计年鉴，近二十年来新疆畜产品产量整体呈增长趋势，是重要经济收入来源。根据表1可以看到，2020年的羊肉产量达56.98万吨，牛肉产量为43.99万吨，猪肉产量为37.51万吨，禽兔肉产量为24.35万吨。据统计，2022年第一季度，新疆畜牧业生产态势平稳，主要指标有增有减，其中，猪牛羊禽肉总产量41.68万吨，较上年同期增长1.3%。

表1 不同年份畜产品产量

年份	肉产量/万吨			
	羊肉	牛肉	猪肉	禽兔肉
2000	37.5	22.24	17.18	7.76
2005	59.89	34.22	26.18	13.46
2010	53.67	35.47	25.89	8.71
2015	57.25	40.45	35.19	14.66
2020	56.98	43.99	37.51	24.35

新疆牛肉、羊肉等畜禽产品加工处于初级阶段，对其的深加工不足及缺少品牌效应，所以畜禽产品附加值较低。

任务发布

新疆某企业计划生产腊肉、咸肉和火腿。企业的生产工厂需要符合哪些要求？请问该企业生产腌腊肉的主要原辅料验收需要符合哪些要求？该企业生产腌腊肉的主要工艺流程有哪些？在生产过程中，该企业应如何做好卫生控制要求？该企业生产过程中可能面临哪些质量安全问题，如何预防和改善？该企业成品的储存和验收标准有哪些？

任务分析

依据《食品安全国家标准 腌腊肉制品》（GB 2730—2015），腌腊肉制品，是以解（冻）畜、禽肉或其可食副产品为原料，添加或不添加辅料，经腌制、烘干（或晒干、风干）等工艺加工而成的非即食肉制品。腊肉是以鲜（冻）畜肉为主要原料，配以其他辅料，经腌制、烘干（或晒干、风干）、烟熏（或不烟熏）等工艺加工而成的非即食肉制品。火腿是以鲜（冻）猪后腿为主要原料，配以其他辅料，经修整、腌制、洗刷脱盐、风干发酵等工艺加工而成的非即食肉制品。咸肉是以鲜（冻）畜肉为主要原料，配以其他辅料，经腌制等工艺加工而成的非即食肉制品。香（腊）肠是以鲜（冻）畜禽肉为原料，配以其他辅料，经切碎（或绞碎）、搅拌、腌制、充填（或成型）、烘干（或晒干、风干）、烟熏（或不烟熏）等工艺加工而成的非即食肉制品。

腌腊肉的加工，需要根据食品生产许可的要求具备环境场所、设备设施、人员制度等方面的要求，获得相应品类的食品生产许可证，才能开展生产工作。腌腊肉制品申证单元，包括咸肉类、腊肉类、风干肉类、中国腊肠类、中国火腿类、生培根类和生香肠类等。在腌腊肉的加工方面，首先需要了解腌腊肉生产需要的主要原辅料，根据标准要求验收采购原辅料；其次，要按照腌腊肉加工的基本工艺流程和参数开展生产加工，在加工过程中要利用各种技术手段预防或解决各类产品质量安全问题，确保产品质量安全；最后，要根据成品标准对成品进行检验。

任务实施

一、生产规范要求

（一）环境场所

良好的卫生环境是生产安全食品的基础，腌腊肉生产企业的生产环境应符合《食品安全国家标准 食品生产通用卫生规范》（GB 14881）、《肉制品生产许可证审查细则》《食品安全管理体系 肉及肉制品生产企业要求》（GB/T 27301）、《肉制品生产管理规范》（GB/T 29342）等相关法规标准的相关要求，厂区选址应远离污染源，周围无虫害大量孳生的潜在场所，环境整洁。厂区布局合理，各功能区域划分明显，包括原辅料库、生产车间、检验室等；设计与布局合理，便于设备的安装、清洗、消毒等；道路硬化，铺设混凝土、沥青或者其他硬质材料；厂区绿化与生产车间保持适当距离，生活区及生产区分开。有合理的排水系统，应有污水处理系统，排放应符合国家相关规定。废弃物应委托有资质的专业单位（或符合相关条件的组织）妥善处理。厂房地面和墙壁应使用防水、防潮、可冲洗、无毒的材料，地面应平整，无大面积积水，明地沟应保持清洁，排水口须设网罩防鼠。地面、墙壁、门窗及天花板不得有污物聚集。

厂房设计应符合从原料进入到成品出厂的生产工艺流程要求，避免交叉污染。原辅材料和成品的存放场所必须分开设置。加工场所应有防蝇虫设施，废弃物存放设施应便于清洗消毒，防止害虫孳生。车间人员入口应设有与人数相适应的更衣室、手清洗消毒设施和工作靴（鞋）消毒池。生产车间的厕所应设置在车间外侧，并一律为水冲式，备有手清洗消毒设施和排臭装置，其出入口不得正对车间门，要避开通道，其排污管道应与车间排水管道分设。

厂区应具有原料冷库、辅料库，有原料解冻、选料、修整、配料、腌制车间、包装车间和成品库。原料冷库的温度应能保持原料肉冻结，成品库的温度应符合产品明示的保存条件。生产中国火腿类的企业，还应具有发酵及晾晒车间。生产生香肠类的企业，还应具有灌装（或成型）车间。生产中国腊肠类的企业，还应具有灌装（或成型）、晾晒及烘烤车间。

（二）设备设施

腌腊肉生产厂房应配备与生产能力和实际工艺相适应的设备，生产设备应有明显的运行状态标识，并定期维护、保养和验证。应有温度控制设施，能满足不同加工工序的要求。直接用于生产加工的设备、设施及用具均应采用无毒、无害、耐腐蚀、不生锈、易清洗消毒，不易于微生物滋生的材料制成。应具备与生产能力相适应的包装设备和运输工具。设备应进行验证或确认，确保各项性能满足工艺要求，无法正常使用的设备应有明显标识。

腌腊肉生产所需设备一般包括原料加工设备（解冻机、化冻池、冻肉破碎机、绞肉机、斩拌机、嫩化机、滚揉机、整理台等）、配料设备、成型设备（灌肠机、打卡机、挂杆机、结扎机、剪节机、切片机、压模设备等）、加热设备（烘干机、烟熏炉、熏烤炉等）和包装等设备或设施。

二、原辅材料要求

(一) 生鲜肉营养成分

新疆肉牛品种较多，地方品种主要有哈萨克牛、新疆褐牛、蒙古牛、阿勒泰白头牛，同时新疆也引进了一些国外的优良肉牛品种，如西门塔尔牛、安格斯牛、夏洛莱牛等。

根据《中国食物成分表》（2018年版），羊肉、牛肉和猪肉的主要成分见表2~表4。

表2 羊肉一般营养素成分表（以每100g可食部计）

食物成分名称	食物名称	
	羊肉（代表值）[1]	腊羊肉（甘肃）
水分/g	72.5	47.8
能量/kJ	581	1031
蛋白质/g	18.5	26.1
脂肪/g	6.5	10.6
碳水化合物/g	1.6	11.5
不溶性膳食纤维/g	0.0	0.0
胆固醇/mg	82	100
灰分/g	1.0	4.0
维生素 A/μg RAE	8	—[2]
胡萝卜素/μg	0	—
视黄醇/μg	8	—
维生素 B_1/mg	0.07	0.03
维生素 B_2/mg	0.16	0.50
烟酸/mg	4.41	3.40
维生素 C/mg	Tr[3]	Tr
维生素 E/mg	0.48	7.26
钙/mg	16	14
磷/mg	161	210
钾/mg	300	310
钠/mg	89.9	8991.6
镁/mg	23	29
铁/mg	3.9	6.6
锌/mg	3.52	9.95
硒/μg	5.95	44.62
铜/mg	0.13	0.14
锰/mg	0.06	0.11

表3 牛肉一般营养素成分表（以每100g可食部计）

食物成分名称	食物名称	
	牛肉（代表值）	牛后腿
水分/g	69.8	74.9
能量/kJ	669	448
蛋白质/g	20.0	20.9
脂肪/g	8.7	2.0
碳水化合物/g	0.5	1.1
不溶性膳食纤维/g	0.0	0.0
胆固醇/mg	58	74
灰分/g	1.1	1.1
维生素A/μg RAE	3	3
胡萝卜素/μg	0	0
视黄醇/μg	3	3
维生素B_1/mg	0.04	0.04
维生素B_2/mg	0.11	0.14
烟酸/mg	4.15	6.10
维生素C/mg	Tr	Tr
维生素E/mg	0.68	0.97
钙/mg	5	5
磷/mg	182	210
钾/mg	212	197
钠/mg	64.1	45.4
镁/mg	22	21
铁/mg	1.8	3.3
锌/mg	4.70	4.07
硒/μg	3.15	4.96
铜/mg	0.05	0.11
锰/mg	0.03	0.02

表4 猪肉一般营养素成分表（以每100g可食部计）

食物成分名称	食物名称	
	猪肉（代表值）	咸肉
水分/g	54.9	40.4
能量/kJ	1370	1613
蛋白质/g	15.1	16.5

续表

食物成分名称	食物名称	
	猪肉（代表值）	咸肉
脂肪/g	30.1	36.0
碳水化合物/g	0.0	0.0
不溶性膳食纤维/g	0.0	0.0
胆固醇/mg	86	72
灰分/g	0.8	8.4
维生素 A/μg RAE	15	20
胡萝卜素/μg	0	—
视黄醇/μg	15	20
维生素 B_1/mg	0.30	0.77
维生素 B_2/mg	0.13	0.21
烟酸/mg	4.10	3.50
维生素 C/mg	Tr	—
维生素 E/mg	0.67	0.10
钙/mg	6	10
磷/mg	121	112
钾/mg	218	387
钠/mg	56.8	195.6
镁/mg	16	30
铁/mg	1.3	2.6
锌/mg	1.78	2.04
硒/μg	7.90	13.00
铜/mg	0.12	0.11
锰/mg	0.03	0.08

注：1. 代表值是指当来自不同地区的同一种食物有多个的时候，为了便于使用，《中国食物成分表》（2018 年版）对不同产区或不同品种的多条同个食物营养素含量计算了"x"代表值。

2. 符号"—"，表示未检测，理论上食物中应该存在一定量的该种成分，但未实际检测。

3. 符号"Tr"，表示未检出或微量，低于目前应用的检测方法的检出限或未检出。

（二）肉类原料验收要求

依据《食品安全国家标准　腌腊肉制品》（GB 2730），腌腊肉制品的原料应符合相应的食品标准和有关规定，如不同品种的鲜、冻畜肉应分别符合 GB 2707、GB 16869、GB/T 9959.1、GB/T 9959.2、GB/T 9961、GB/T 17238、GB/T 17239 等的规定。

依据《肉制品生产管理规范》（GB/T 29342），原料肉应来自非疫区，并要求供方提供产地动物防疫监督机构出具的有效的动物产品兽医检疫合格证明、动物及动物产品运载工具消毒证明和非疫区证明。原料肉应符合 GB/T 9959.1、GB/T 9959.2、GB/T 9961、GB 16869 和

GB/T 17238等的规定。

（三）辅料验收要求

依据《肉制品生产管理规范》（GB/T 29342），辅料应符合相关国家标准或行业标准的规定。食品添加剂质量应符合相关产品的国家标准或行业标准，使用范围和用量应符合GB 2760的规定。例如，白砂糖应符合GB/T 317的规定。蒸馏酒应符合GB 2757的规定。食用盐应符合GB/T 5461的规定。味精应符合GB/T 8967的规定。酱油应符合GB 18186的规定。香辛料应符合GB/T 15691的规定。其他辅料（包括食品添加剂）应符合相关质量要求。

三、加工工艺操作

依据《肉制品生产许可证审查细则》，腌腊肉制品的工艺流程一般包括选料、修整、配料、腌制、灌装、晾晒、烘烤、包装等主要工艺（中国腊肠类、生香肠类需经灌装工序）。

腌制是为了改善肉的风味、稳定肉的颜色、抑制微生物的生长繁殖、延长肉制品的货架期。腌制方法主要包括干腌法、湿腌法、混合腌制法以及注射腌制法等。咸肉是采用干腌法制作的。

具体加工要求如下：

（一）腊肉的加工

腊肉类的主要特点是成品呈金黄色或红棕色，产品整齐美观，不带碎骨，具有腊香风味。腊肉品类主要有中式火腿、腊猪肉、腊羊肉、腊牛肉、腊兔、腊鸡、板鸭、板鹅等。

1. 工艺流程

选料→修整→配料→腌制→干制→烘烤或熏制（可选）→冷却→包装→检验→成品。

2. 操作要点

（1）原料肉：生鲜原料肉温度应控制在0~7℃；冷冻原料需要进行解冻后使用，解冻间温度保持低于18℃，原料肉解冻后中心温度控制在4℃以下。

（2）原料预处理：对于腊畜肉制品，按照各地传统习惯修整分割原料，割去碎脂肪，去净碎肉和剥离筋膜，洗掉血污、肉表浮油、沥干表面水分。对于腊禽肉制品，可以采用整只原料或分割后部分。对于腊畜禽杂制品，按照原料形态进行相应分割。

（3）辅料配制：食品添加剂的使用范围和用量应符合GB 2760的规定，严格按照产品加工配方和工艺进行辅料配比。固体腌制材料保持室温，液态腌制剂配制好后温度不超过10℃。

（4）腌制：腌制温度一般应控制在0~10℃，广式腊肉腌制温度应不超过25℃。根据腌制方法的不同，腌制时间在4h以上。根据产品的不同，可采用干腌、湿腌、注射腌制或混合腌制等方法。腌制中采取必要措施以防止外来污染和微生物繁殖。应做好腌制过程的控制记录。

（5）干制：腌制好的肉坯悬挂于晾架上晾晒，晒至肉面干燥、出油、皮面红亮为止。晾晒时，需要采用安全方法防虫防蝇。腌制好的肉坯挂在阴凉通风处，直接阴干、风干。

（6）烘烤：温度应控制在40~70℃，烘烤时间为8~72h，至产品皮干、瘦肉呈玫瑰红色、肥肉透明或呈乳白色即可。

（7）烟熏：木屑等烟熏材料不完全燃烧产生的烟，经过滤后进入烟熏室进行烟熏；或采用烟熏液雾化后在产品表面直接喷涂；或将烟熏液置于加热器上蒸发熏制；或者采用烟熏液对产品进行浸泡，赋予产品烟熏风味。烟熏可以单独进行，也可以与干制工艺结合进行。

(8) 冷却：热加工后的产品，应转移至干燥、低温、通风的冷却间，使产品温度快速降至室温。

(9) 包装：使用的产品包装容器与材料应符合相应国家标准的有关规定，防止有毒有害物质的污染。

(二) 咸肉的加工技术

咸肉是用干、湿腌法腌制的一大类制品，肉经腌制加工而成的生肉类制品。咸肉具有成品肥肉呈白色、瘦肉呈玫瑰红色或红色、具有独特的腌制风味以及味稍咸等特点，在我国江苏、浙江、安徽、上海、江西、四川等省市均有生产。

咸肉按加工方法可分为带骨和不带骨的，加工工艺相似，最大特点为用盐量多。

1. 工艺流程

原料选择→修整→开刀门→腌制→成品。

2. 操作要点

(1) 原料选择：所选原料动物检疫合格，鲜猪肉或冻猪肉都可以作为原料，肋条肉、五花肉、腿肉均可，均需肉颜色正常，无淤血现象。选择冷鲜肉时，必须摊开凉透；使用冻肉，必须解冻微软后再行分割处理。

(2) 修整：腌制前必须对原料肉进行修整，尤其在腌制"连片"制品时修整要求更严。需要清除胴体上残留的碎肉、血污、骨屑、淋巴、碎油及横膈膜等。

(3) 开刀门：为了加快食盐的渗透，可在肉上割出刀口，俗称"开刀门"。刀口的大小深浅和多少取决于腌制时的气温和肌肉的厚薄。一般气温在10~15℃时应开刀门，刀口可大而深，加速食盐的渗透，缩短腌制时间；气温在10℃以下时，少开或不开刀门。

(4) 腌制：将修整好的肉放在3~4℃条件下腌制。温度高，腌制过程快，但易发生腐败；温度低，腌制慢，风味好。一般分三次腌渍，主要用干盐法。

第一次为初盐（俗称上小盐），在原料肉的表面上均匀分布一层盐，而在刀缝间和后腿肉厚处盐量稍多些。用盐量以气温高低而定，一般100kg原料肉用3kg左右，主要是排除肉内血液及水分（俗称紧血）。

第二次上大盐，在初盐后的第二天进行。擦盐要均匀，在肉厚处及刀口间应用力擦抹，必须敷足盐并整齐堆叠成垛。操作时要细心，防止肩背部和后腿部的盐脱掉，4~5d后翻垛一次，上下层次对调，一般肉片堆积高度约20层。用盐量为每100千克肉用7~8kg。

第三次为复盐，通常在上缸后7~8d复盐。应逐片加盐，经7d左右及时翻堆，并仍敷以少量食盐，以防变质，用盐量为总盐量的5%左右，复盐后15d即腌制成熟。

咸肉腌制过程中，总用盐量随季节而不同，一般100千克鲜肉用17kg左右，冬季腌制用14~15kg即可。长期保藏可放在-5℃冷库中，保存6个月其损耗率2%~3%。

(三) 火腿的加工技术

火腿属于我国的传统产品代表之一，使用猪的前腿、后腿为原料，经过腌制、洗晒、晾挂发酵而制成。加工期近半年，产品具有水分低、肉外观红色、风味独特及易于储存特点。火腿的加工制作虽因产地不同而异，但加工过程基本相同。中式火腿种类包括南腿，以金华火腿为代表；北腿，以如皋火腿为代表；云腿，以云南宣威火腿为代表。南北腿的划分以长江为界。在此，以知名的金华火腿为例介绍其加工技术。

1. 工艺流程

原料选择→截腿坯→修整→腌制→洗晒→整形→发酵→修整→成品。

2. 操作要点

（1）原料：金华地区猪的品种较多，其中以两头乌最好。选用符合要求的新鲜猪后腿，要求皮薄爪细、瘦多肥少、肌肉鲜红、皮肤白润，无伤残和病灶。腿坯重量在 5~6.5kg 较为适宜。腿坯过大，不易腌透或腌制不均匀；腿坯过小，肉质太嫩，腌制时失水量大，不易发酵，肉质咸硬，滋味欠佳。

（2）截腿坯：从倒数 2~3 腰椎间横劈断骨。

（3）修整：将腿面上的残毛、污血刮去，勾去蹄壳，削平耻骨，除去尾椎，把表面和边缘修割整齐，挤出血管中淤血，腿边修成弧形，使腿面平整。修后的腿坯形似竹叶，左右对称。用手指挤出股骨前、后及盆腔壁三个血管中的积血。

（4）腌制：腌制火腿的最适宜温度应是腿温不低于 0℃，室温不高于 8℃，腌制时间 30 天左右。以 100kg 鲜腿为例，用盐量 8~10kg；一般分 6 次上盐。

第一次上盐（又称上小盐），两手平拿鲜腿，在腿肉面上撒一层薄盐，用盐量 2kg 左右。第二天翻堆时腿上应有少许余盐，防止脱盐。敷盐后堆叠时，必须层层平整，上下对齐，堆的高度应视气候而定。在正常气温以下，12~14 层为宜。堆叠方法有直腿和交叉两种。直腿堆叠时，在撒盐时应抹脚，腿皮可不抹盐；交叉堆叠时，如腿脚不干燥，也可不抹盐。

第二次上盐叫上大盐，在第一次抹盐的第二天进行第二次抹盐。先翻腿，用手挤出淤血，再上盐，用盐量 5kg 左右，在肌肉最厚的部位加重敷盐，在腿的下部凹陷处用手指轻轻抹盐，上盐后将腿整齐堆放。遇天气寒冷，腿皮干燥时，应在胫关部位稍微抹上些盐，脚与表面不必抹盐。

第三次上盐，又被称为复三盐，在第 7 天上盐，根据腿的大小和腿面肉质软硬程度来决定用盐量，一般为 2kg 左右。若火腿较大，而脂肪层又较厚，则应多加盐量，对小型火腿则只是修补而已，然后重新倒堆，将原来的上层换到底层。

第四次在第 13 天，通过翻倒调温，检查盐的溶化程度，如大部分已经溶化可以补盐，用量为 1~1.5kg。经过上下翻堆后调整腿质、温度，并检验三签头处上盐溶化程度。此时可检验腌制的效果，用手按压肉面，有充实、坚硬的感觉，说明已经腌透；否则虽表面发硬而内部空虚发软，表明尚未腌透，需要再补盐，并抹去腿皮上黏附的盐，防止腿的皮色不光亮。堆叠层数可适当增高，以加大压力，促进盐的渗透。

在第 25 天和第 27 天分别上盐，主要是对大型火腿及脊椎骨下部的肌肉尚未腌透仍较松软的部位，应上少许盐。用量为 0.5~1kg。在第六次用盐 3d 后，视天气将腿上未溶化的盐粒刷掉。火腿的颜色转变成较鲜艳的红色，小腿部位坚硬呈橘黄色。

在腌制过程中，要注意撒盐均匀，堆放时皮面朝下，肉面朝上，最上一层皮面朝下。大约经过 1 个多月的时间，当肉的表面经常保持白色结晶的盐霜，肌肉坚硬，则说明已经腌好。

（5）洗晒：腌制后的腿面上留有黏腻油污物质，通过清洗可除去污物，保持腿的清洁，有助于火腿的色、香、味，也能使肉表面盐分散失一部分，使咸淡适中，便于整形和打皮印。

洗腿前应先浸泡,将腌好的火腿放在清水中浸泡,肉面向下,全部浸没。达到皮面浸软、肉面浸透。水温10℃左右时,浸泡约10h。洗腿时按脚爪、爪缝、爪底、皮面、肉面和腿尖下面,顺肌纤维方向依次洗刷干净,不要使瘦肉翘起,然后刮去皮上的残毛,再浸泡在水中2~3h。

将腿挂在晾架上,用刀刮去剩余细毛和污物,约经4h,待肉面无水微干后打印商标,再经3~4h,腿皮微干、肉面尚软时开始整形。

(6) 整形:在日光下晾晒至皮面黄亮、肉面铺油,需5d左右。在日晒过程中,腿面基本干燥变硬时,加盖厂印、商标,并随之进行整形。整形就是在晾晒过程中将火腿逐渐校成一定形状,把火腿放在绞形凳上,绞直脚骨,锤平关节,捏拢小蹄,绞弯脚爪,捧拢腿心,使之呈丰满状。肌肉经排压后更加紧缩,有利于贮藏发酵。整形晾晒适宜的火腿,腿形固定,皮呈黄色或淡黄,皮下脂肪洁白,肉面呈紫红色,腿面平整,肌肉坚实,表面不见油迹。

整形的三个要点:一是在火腿部(即腿身),用两手从腿的两侧向腿心挤压,使腿心饱满,呈橄榄形;二是在小腿部,先用木槌敲打膝部,再将小腿插入校骨橙圆孔中,轻轻攀折,使小腿正直,至膝踝部无皱纹为止;三是在腿爪部,将脚爪加工成镰刀形。

整形后继续曝晒,在腿没变硬前每天整形一次,共2~3次。腿形固定后,腿重为鲜腿重的85%~90%,腿皮呈黄色或淡黄色,皮下脂肪洁白,肌肉呈紫红色,腿面各处平整,内外坚实,表面油润,可停止曝晒。

(7) 发酵:鲜腿经腌制、洗晒和整形等工序后,在外形、质地、气味、颜色等方面尚没有达到应有的要求,尤其没有产生火腿特有风味。发酵过程一方面使水分继续蒸发,另一方面使肌肉中蛋白质、脂肪等发酵分解,使肉色、肉味、香气更好。发酵时间与温度有很大关系,一般温度越高则所需时间越短。

火腿进入发酵场前,应逐只检查腿的干燥程度,是否有虫害和虫卵。火腿送入发酵场后,在腿架上应按不同规格分类悬挂,间距5~7cm。火腿发酵时间一般自上架起2~3个月。肉面上逐渐长出绿、白、黑、黄色霉菌(或腿的正常菌群),这时发酵基本完成,火腿逐渐产生香味和鲜味。

(8) 修整:发酵完成后,腿部肌肉干燥而收缩,腿骨外露。为使腿形美观,要进一步修整。修整工序包括修平耻骨、修正股骨、修平坐骨,并从腿脚向上割去脚皮,达到腿正直,两旁对称均匀,腿身呈柳叶形。

(9) 成品储藏:金华火腿可以贮藏时间较长,可采用悬挂或堆叠方法。悬挂法易于通风和检查,但占用仓库较多,同时还会因干缩而增大损耗。堆叠法是将火腿交错堆叠成垛,约隔10d翻倒一次。每次倒堆的同时将流出的油脂涂抹在肉面上,这样不仅可防止火腿过分干燥,而且可以保持肉面油润、有光泽。

四、主要质量问题及防(预防)治(解决)方法

腌腊肉制品在生产、储藏及销售过程中经常会出现产品氧化、食品添加剂超标、酸败及污染等质量安全问题,以下对这些现象产生的原因进行分析,并介绍常用的解决方法。

(一) 腌腊肉的过氧化值超标

过氧化值超标是腌腊肉产品质量不合格的最主要因素。过氧化值是表示油脂和脂肪酸等

被氧化程度的一项指标，通常过氧化值越高表明酸败就越严重。不宜长期食用过氧化值超标的食品，否则可能会引发胃肠道不良反应。造成过氧化值超标的原因，一是加工工艺问题，生制肉晾晒时间过长或晾晒（烘烤）温度过高；二是原料中的脂肪已经氧化，原料储存不当，未采取有效的抗氧化措施，使得终产品油脂氧化；再者是储运销环境不符合产品贮存条件，温度过高、阳光暴晒、湿度过大都会造成肉制品中脂肪快速氧化。

企业在加工过程中，应设立晾晒环节CCP点并有效实施与监控，储存库的硬件条件符合要求以利于产品的存储。同时，企业也不能忽略运输物流条件要求，产品使用真空包装、除氧包装等方法可以大幅降低过氧化值。

（二）添加剂超标

在腌腊肉产品中，存在食品添加剂使用不规范的问题，主要涉及亚硝酸盐、山梨酸及其钾盐（以山梨酸计）、胭脂红及其铝色淀等。

在腌腊肉加工过程中，硝酸钠（钾）或亚硝酸钠（钾）的使用，可以起到发色、抑制微生物生长的作用。企业在使用过程中容易出现使用量超标、搅拌不均匀等问题，导致产品不合格。

在腌腊肉加工中，山梨酸及其钾盐（以山梨酸计）、胭脂红及其铝色淀是不允许使用的。抽检不合格数据说明部分企业存在违规使用现象，也有可能是由于上游原料带入引起的不合格。

企业应该依据GB 2760规定使用食品添加剂，确保使用类别及使用量符合要求，同时做好食品添加剂的五专管理。

（三）腌腊肉制品的氧化酸败

在长时间的储存过程中，受到光、热、水、空气和微生物等物质的作用影响，腌腊肉产品中的脂肪会发生水解、氧化和酸败反应，进而引起产品品质损伤，甚至产生有毒有害的物质，最终导致产品食用价值降低。

1. 水解

水解是脂肪因水而引发分解反应的过程。当周围介质中有水存在时，在脂肪酶作用下脂肪发生分解，产生游离脂肪酸和甘油。脂肪水解反应使油脂的酸度和熔点升高、气味变得难闻。同时，由于甘油溶解于水中，而使油脂的重量减轻。

2. 氧化

在光的催化作用下，脂肪发生的一种会产生羟酸的化学反应。其中反应过程大体如下：不饱和脂肪酸被氧化，产生过氧化物；在形成过氧化物的同时，常游离出臭氧，臭氧又和饱和脂肪酸结合，形成臭氧化产物；臭氧化产物在水的作用下，发生碳链断裂反应，形成醛（如丙二醛）和过氧化物（如过氧化氢）；部分醛被氧化后，变成酸，进而增加了脂肪的酸度。过氧化氢和不饱和脂肪酸反应，生成羟酸，使脂肪的熔点和凝固点升高、色泽变白、状态变硬，使碘值降低，且使产品出现特殊的陈腐气味。

此外，油脂水解生成的甘油也可以进一步脱水分解形成丙烯醛，使油脂产生强烈的臭味和烧焦味。丙烯醛被氧化后，还会生成环氧丙醛。

3. 酸败

酸败是油脂与空气中的氧、日光以及微生物与酶的作用下，油脂的酸价、羰基价和TBA值过高的氧化水解过程。包括醛化酸败和酮化酸败两种形式。酮化酸败的特征是形成酮，其反应过程为：脂肪在水的作用下，形成β-羟基丁酸。油脂酸败后的分解产物包括醛、酮、酸等化合物，具有苦涩的滋味，有毒，不能食用。分解产物的性质也极不稳定，还会破坏食物中的维生素。

腌腊肉制品采用合适的包装材料，杜绝脂肪与氧气、水分及光线等接触，可明显减少其酸败问题。如防氧包装中的真空包装法、气调包装法、脱氧剂法以及天然抗氧剂法。

五、成品质量标准及评价

《食品安全国家标准 腌腊肉制品》（GB 2730）标准规定了腌腊肉制品的感官要求、理化指标及污染物限量要求等食品安全要求及其检测方法。其中规定，污染物限量应符合 GB 2762 的规定。

《中国火腿》（SB/T 10004）规定了中国火腿的理化要求、外观与感官要求质量要求及其检测方法。

依据上述规定，整理出腊肉、咸肉和火腿成品应符合的质量安全标准如表5~表7所示。

表5 腊肉制品质量安全指标

产品指标		指标要求	标准法规来源	检验方法
原料要求		原料应符合相应的食品标准和有关规定		
感官要求	色泽	具有产品应有的色泽，无黏液、无霉点	GB 2730	GB 2730
	气味	具有产品应有的气味，无异味、无酸败味		
	状态	具有产品应有的组织性状，无正常视力可见外来异物		
理化指标	过氧化值	≤0.5g/100g（以脂肪计）		GB 5009.227
污染物限量	镉	≤0.1mg/kg（以 Cd 计）	GB 2762	GB 5009.15
	铅	≤0.5mg/kg（以 Pb 计）		GB 5009.12
	N-二甲基亚硝胺	≤3.0μg/kg		GB 5009.26
	铬	≤1.0mg/kg（以 Cr 计）		GB 5009.123
	总砷	≤0.5mg/kg（以 As 计）		GB 5009.11
	锡	≤250mg/kg（以 Sn 计）。仅适用于采用镀锡薄板容器包装的食品）		GB 5009.16

表6 咸肉质量安全指标

产品指标		指标要求	标准法规来源	检验方法
原料要求		原料应符合相应的食品标准和有关规定		
感官要求	色泽	具有产品应有的色泽，无黏液、无霉点	GB 2730	GB 2730
	气味	具有产品应有的气味，无异味、无酸败味		
	状态	具有产品应有的组织性状，无正常视力可见外来异物		

续表

产品指标		指标要求	标准法规来源	检验方法
理化指标	过氧化值	≤0.5g/100g（以脂肪计）	GB 2730	GB 5009.227
污染物限量	镉	≤0.1mg/kg（以Cd计）	GB 2762	GB 5009.15
	铅	≤0.5mg/kg（以Pb计）		GB 5009.12
	N-二甲基亚硝胺	≤3.0μg/kg		GB 5009.26
	铬	≤1.0mg/kg（以Cr计）		GB 5009.123
	总砷	≤0.5mg/kg（以As计）		GB 5009.11
	锡	≤250mg/kg（以Sn计）仅适用于采用镀锡薄板容器包装的食品		GB 5009.16

表7 火腿质量安全指标

产品指标要求		指标要求	标准法规来源	检验方法
原料要求		原料应符合相应的食品标准和有关规定	GB 2730	GB 2730
感官要求	色泽	具有产品应有的色泽，无黏液、无霉点		
	气味	具有产品应有的气味，无异味、无酸败味		
	状态	具有产品应有的组织性状，无正常视力可见外来异物		
理化指标	过氧化值	≤0.5g/100g（以脂肪计）		GB 5009.227
污染物限量	镉	≤0.1mg/kg（以Cd计）	GB 2762	GB 5009.15
	铅	≤0.5mg/kg（以Pb计）		GB 5009.12
	N-二甲基亚硝胺	≤3.0μg/kg		GB 5009.26
	铬	≤1.0mg/kg（以Cr计）		GB 5009.123
	总砷	≤0.5mg/kg（以As计）		GB5009.11
	锡	≤250mg/kg（以Sn计）仅适用于采用镀锡薄板容器包装的食品		GB 5009.16

实训工作任务单

学习项目	腌腊肉制品加工技术	工作任务	咸肉制作
时间		工作地点	
任务内容	肉原料的处理，原料修整，开刀门，腌制操作，咸肉生产过程中存在的质量问题与解决方法		
工作目标	素养目标 1. 了解中国腌腊肉加工行业近几年基本情况 2. 了解畜牧业发展趋势		

续表

工作目标	技能目标 1. 能够根据标准要求进行腌腊肉加工原辅料的验收 2. 能够根据原辅料特点和成分对加工工艺参数进行调整 3. 能够预防和解决腌腊肉加工过程中的主要质量安全问题 知识目标 1. 掌握腌腊肉的主要技术指标和加工特点 2. 掌握腌腊肉加工的主要原辅料及其验收要求 3. 掌握典型腌腊肉加工的主要工艺流程和关键工艺参数 4. 掌握腌腊肉加工中的主要质量安全问题及防（预防）治（解决）方法 5. 掌握腌腊肉制品的质量安全标准要求及其评价方法
产品描述	请描述该产品的特点，外观及感官性状等
实验设备	请列举本次实验使用的设备，并描述操作要点
操作要点	请根据课程学习和实验操作填写咸肉制作的工艺流程和操作要点
成果提交	实训报告，咸肉产品
相关标准/ 验收标准	请根据课程学习和实验操作填写咸肉的相关验收标准，包括指标名称、指标要求、检测方法、来源标准法规
实验心得	本次实验有哪些收获？产品的关键控制点和容易出现的问题有哪些
提示	

工作考核单

学习项目		腌腊肉加工技术		工作任务		咸肉制作	
班级			组别		（组长）姓名		
序号	考核内容	考核标准		分数	权重		
					自评 30%	组评 30%	教师评 40%
1	学习态度	积极主动，实事求是，团队协作，律己守纪					
2	组织纪律	上课考勤情况					
3	任务领会与计划	理解生产任务目标要求，能查阅相关资料，能制订生产方案					
4	任务实施	能根据生产任务单和作业指导书实施生产步骤，完成任务					
5	项目验收	依据相关技术资料对完成的工作任务进行评价					

续表

序号	考核内容	考核标准	分数	权重		
				自评	组评	教师评
				30%	30%	40%
6	工作评价与反馈	针对任务的完成情况进行合理分析，对存在问题展开讨论，提出修改意见				
合计						
评语						

指导老师签字_____

任务五　肉干制品加工

学习目标

【素质目标】
1. 了解中国肉干制品加工行业近几年基本情况
2. 了解主要肉干制品的行业特点

【技能目标】
1. 能够根据标准要求进行肉干制品加工原辅料的验收
2. 能够根据肉干制品原辅料特点和成分对加工工艺参数进行调整
3. 能够预防和解决肉干制品加工过程中的主要质量安全问题

【知识目标】
1. 掌握常见原料肉的主要理化成分和加工特点
2. 掌握肉干制品加工的主要原辅料及其验收要求
3. 掌握典型肉干制品加工的主要工艺流程和关键工艺参数
4. 掌握肉干制品加工中的主要质量安全问题及防（预防）治（解决）方法
5. 掌握肉干制品成品的质量安全标准要求及其评价方法

任务资讯（任务案例）

我国是肉类生产和消费大国，肉类总产量占世界总产量三分之一左右，为国内肉制品生产提供了丰富的原料。我国肉制品加工业经历了冷冻肉、高温肉制品、冷却肉、低温肉制品、传统肉制品工业化和营养肉制品加工等发展阶段。经过多年发展，在品质提升、营养保持、标准加工、安全控制及绿色制造等共性关键技术的研发上获得了不小的成就。

肉干一般是用肉类和其他调料一起腌制而成的肉干制品，由于具有蛋白质含量高、脂肪含量低、易保存、食用方便等特点。在肉干制品中，牛肉干尤其深受现代人喜爱。

在牛肉产量不断增长的同时，我国牛肉干市场需求量日益增加，我国牛肉干产量呈现增长态势。数据显示，2020年我国牛肉干产量为672.0万吨，2021年产量达到689.1万吨。

虽然我国对牛肉干的需求量呈增长态势，但是还是远远没有达到国际平均水平。目前我国人均牛肉消费量只有世界平均水平的51%，与欧美发达国家的消费水平差距较大。预计随着经济的发展和消费水平的提高，消费者对于休闲食品数量和品质的需求不断增长，而作为其细分领域，牛肉干市场也将得到发展。

任务发布

新疆牛肉干是具有新疆地方特色的产品之一。新疆牛肉干生产企业发现其产品容易出现发霉变质的问题。请帮助该企业分析下，产生这种问题的原因是什么？如何从原辅料、生产工艺流程、过程控制角度去预防和改善？牛肉干成品的验收标准分别有哪些？

任务分析

依据《食品安全国家标准　熟肉制品》（GB 2726—2016），熟肉制品是指以鲜（冻）畜、禽产品为主要原料加工制成的产品，包括肉干制品类、熏肉类、烧肉类、烤肉类、油炸肉类、西式火腿类、肉灌肠类、发酵肉制品类、熟肉干制品和其他熟肉制品。

依据《肉干》（GB/T 23969—2009），肉干制品是指以畜禽瘦肉为原料，经修割、预煮、切丁（或片、条）、调味、复煮、收汤、干燥制成的熟肉制品。根据原料不同，主要分为牛肉干、猪肉干等。

要进行牛肉干的加工，需要分别根据牛肉干食品生产许可的要求具备环境场所、设备设施、人员制度等方面的要求，获得0401热加工熟肉制品的食品生产许可证，才能开展生产工作。在加工方面，首先需要了解生产各种不同的牛肉干所用原料的主要品种，以及各个品种的主要理化成分和加工特点，根据标准要求验收采购原料；其次，要按照基本工艺流程和参数开展生产加工，在加工过程中要利用各种技术手段预防或解决各类产品质量安全问题，确保产品质量安全；最后，要根据成品标准对成品进行检验。

任务实施

一、生产规范要求

（一）环境场所

良好的卫生环境是生产安全食品的基础，肉制品生产企业应符合《食品安全国家标准畜禽屠宰加工卫生规范》（GB 12694—2016）及《食品安全国家标准　食品生产通用卫生规范》（GB 14881）等相关标准的相关要求。厂区选址应远离污染源，周围无虫害大量孳生的潜在场所，环境整洁。厂区布局合理，各功能区域划分明显，包括原辅料库、生产车间、检验室等；设计与布局合理，便于设备的安装、清洗、消毒等；道路硬化，铺设混凝土、沥青或者其他硬质材料；厂区绿化与生产车间保持适当距离，生活区及生产区分开。有合理的排水系统，污水处理设施等应当远离生产区域和主干道，并位于主风向的下风处，排放应符合相关规定。场所应具有良好的照明和通风，应提供足够且方便的厕所，厕所区应配备自动开关的门。凡是流程需要的场合，应提供足够且方便的设施，供员工洗手和干燥手。

厂区应设有废弃物、垃圾暂存或处理设施，废弃物应及时清除或处理，避免对厂区环境造成污染。厂区内不应堆放废弃设备和其他杂物。废弃物存放和处理排放应符合国家环保要求。厂区内禁止饲养与屠宰加工无关的动物。

（二）设备设施

设备设施应符合《食品安全国家标准　畜禽屠宰加工卫生规范》（GB 12694—2016）第5章的要求。包括供水设施、排水设施、清洁消毒设施、设备和器具、通风设施、照明设施、照明设施、废弃物存放与无害化处理设施的要求。此外，肉制品加工过程中最常用的是切（绞）肉设备和煮制设备。

（1）切（绞）肉设备：在肉制品加工过程中，无论什么品种，都要对原料肉进行切块（片）或绞碎。所以，切肉机和绞肉机是生产肉制品不可缺少的设备。切肉机通过更换不同的刀具，可以根据需要切割成不同规格的肉块或肉片。绞肉机通过调换筛板，可绞成大小不同的肉粒。切肉机和绞肉机，各地均有生产，可根据实际条件选用不同的规格型号。

（2）煮制设备：煮制是生产肉制品的熟制过程，可分为水煮和蒸煮两种方式。水煮法可用一般的煮锅或夹层锅，通过煤或蒸汽等热源，加温煮制。蒸煮法通常是将灌好的肉品挂在炉内或放在蒸煮桶内，通过温度控制阀通入蒸汽，加热进行熟制。

二、原辅材料要求

（一）原料品种及其成分

牛肉干的主要原料是牛肉，根据《中国食物成分表》（2018年版），牛肉的主要成分见表1。

表1　牛肉一般营养素成分表（以每100g可食部计）

食物成分名称	食物名称
	牛肉（代表值，fat 9g）[1]
水分/g	69.8
能量/kJ	160
蛋白质/g	20.0
脂肪/g	8.7

续表

食物成分名称	食物名称
	牛肉（代表值，fat 9g）[1]
碳水化合物/g	0.5
不溶性膳食纤维/g	0.0
胆固醇/mg	58
灰分/g	1.1
维生素 A/μg RAE	3
胡萝卜素/μg	0
视黄醇/μg	3
维生素 B_1/mg	0.04
维生素 B_2/mg	0.11
烟酸/mg	4.15
维生素 C/mg	Tr[2]
维生素 E/mg	0.68
钙/mg	5
磷/mg	182
钾/mg	212
钠/mg	64.1
镁/mg	22
铁/mg	1.8
锌/mg	4.7
硒/μg	3.15
铜/mg	0.05
锰/mg	0.03

注：1. 代表值是指当来自不同地区的同一种食物有多个的时候，为了便于使用，《中国食物成分表》（2018 年版）对不同产区或不同品种的多条同个食物营养素含量计算了"x"代表值。

2. 符号"Tr"，表示未检出或微量，低于目前应用的检测方法的检出限或未检出。

（二）原料验收要求

依据《肉干》（GB/T 23969—2009），肉干制品的主要原料包括原料肉、酱油、盐、味精以及各种调味品、香辛料等，应分别符合各自的食品安全标准要求。

依据《肉制品生产许可证审查细则》，风干肉类的产品标准需依据《食品安全国家标准 熟肉制品》（GB 2726—2016）执行，其中熟肉制品的定义为：以鲜（冻）畜、禽产品为主要原料加工制成的产品，包括酱卤肉制品类、熏肉类、烧肉类、烤肉类、油炸肉类、西式火腿类、肉灌肠类、发酵肉制品类、熟肉干制品和其他熟肉制品。

三、加工工艺操作

肉干制品通过脱水干制的方法，改善产品品种，延迟贮藏时间。其加工工艺是将肉先进行熟制加工，再进行成型干燥，或先成型再进行熟制加工制成的。

1. 配料配方

牛肉 50kg、食盐 1.2kg、酱油 2.5kg、白糖 10kg、味精 1.6kg、黄酒 1.5kg、五香粉 0.2kg、辣椒粉 0.2kg、生姜 0.5kg、茴香 0.1kg。

2. 工艺流程

原料肉修整→浸泡→煮沸→冷却、切片→卤煮→烘烤→包装。

3. 操作要点

（1）原料修整：采用卫生合格的牛胴体肉，修去脂肪肌膜、碎骨等，切成 1~1.5kg 大小的块。

（2）浸泡：用循环水将肉浸泡 24h，以除去血水减少膻味。

（3）煮沸：往锅内加入生姜、茴香、水（以浸没肉块为准），煮沸后加入肉块，保持微沸状态至切开肉中心无血水为止。此过程需要 1~1.5h。

（4）冷却、切片：将肉晾透后切成 3~5mm 厚的薄片，注意向着肉纤维的方向切。

（5）卤煮：①调汤：将煮肉的汤用纱布过滤后放入卤锅内，加盐、酱油、白糖、五香粉、辣椒粉、自配高级调味料，煮开。②将肉片放入锅内，开启蒸汽阀门旺火煮 20min，文火 30min，煮时不断搅拌，加入味精、黄酒，10min 后出锅，放入漏盘内沥净汤汁。此过程需要 1h。

（6）烘烤：采用往复式隧道烘房，上下六层，烘烤温度 85~95℃，时间 1 小时，注意及时排除水分。

（7）包装：把大小分开，大片散着卖，小片用包装袋包装后销售，注意避免二次污染。

四、主要质量问题及防（预防）治（解决）方法

肉干中所含的丰富的营养成分为微生物提供了良好的生长繁殖环境。肉干生产、流通、销售过程中的主要质量问题便是霉菌污染，从而导致了肉干的霉变，对其感官性状产生影响，更甚者，可致慢性中毒的情况。肉干中所含的水分极少，在正确的保存方法下，一般是不会产生霉变的。较低的水分会导致肉干口感过硬且粗糙，从而影响了整体的质量，可以通过控制工艺参数等方法预防该问题。肉干的霉菌、微生物污染主要源于工厂中的生产环境、空气、和卫生状况等，通过控制生产环境以及湿度等因素，可以防治肉干的质量问题。

（一）微生物以及霉菌污染

经检测，在一系列的关键质量控制点中，生产场所空气中的卫生状况对肉干的质量影响较大。相关文献指出，包装车间的空气中的优势菌种包括：曲霉、青霉、枝霉以及镰刀霉。空气中霉菌可以通过空气净化以及消毒进行预防。按照肉干的生产工艺进行合理的车间布局，对车间采取紫外线照射和乳酸熏蒸等消毒方法进行杀菌等措施可以减少或去除霉菌；但是由于紫外线、臭氧等对人体都有危害，工人在车间工作时，则可在包装间装设十万级的层流净化等空气净化装置，从而切断霉菌的空气传播途径。空气在洁净包装间中是有一定方向和目的的流动，而空气中的大多数细菌直径为 0.5~5μm，附着在尘埃上，霉菌孢子的直径则为 2~30μm，附着在尘埃上抑或是直接存在于空气中。在净化设备中使用粗效、中效、高效过滤

膜 HEPA（high efficient particulate air），直径为 0.3μm，可以很好地隔绝微生物以及霉菌孢子，以获得洁净的空气。

生产设施和设备也会产生微生物和霉菌污染，导致肉干在生产过程中沾染霉菌，在之后的流通、储存以及销售等过程中产生霉变，影响产品的质量。使用紫外线照射以及乳酸熏蒸等杀菌方法对设施设备表面进行消毒，和/或使用化学消毒剂清洗消毒也可对微生物以及霉菌进行灭杀。另外，在选择盛放的器皿时，使用不锈钢材质的容器便于清洗消毒，也可以在一定程度上减少微生物附着繁殖。

（二）肉干制品的品质问题

肉干水分过低容易导致产品质地过硬以及口感粗糙的问题，而水分过高又会给微生物提供良好的繁殖环境。值得注意的是，由于原料的特性导致了肉干制品本身含有大量的油脂，而这些油脂在正常的低水分含量的环境下不会导致微生物繁殖和增长。而当产品的水分含量较高的时候，则不仅会产生大量微生物，还会导致肉干制品有酸败、发馊以及发臭的情况出现。当人们误食了变质的产品后，人体的新陈代谢会受其影响，从而导致了人体组织的正常运作，严重影响身体健康。

因此，在肉干的生产过程中，首先需要严格筛查原料的品质。在之后的生产加工环节中，严格控制烘烤加工环节中的一系列工艺参数，包括烘干温度和烘干时间等影响因子。具体的工艺参数需要根据原料特点、产品规格以及含水量等数据进行调整。有研究表明，在肉干制品中添加水分调节剂之后，在水分活度不变的情况下，肉干的水分含量得到了相对的提高，产品的口感也有一定的改善，同时也控制了微生物霉菌生长等问题。

五、成品质量标准及评价

《肉干》（GB/T 23969—2009）标准规定了肉干的术语和定义、产品分类、技术要求、检验方法、检验规则及标签和标志、包装、运输、贮存和召回的要求。

依据上述规定，整理出牛肉干应符合的质量安全标准如表2所示。

表2　牛肉干质量安全要求

产品指标	指标要求	标准法规来源	检验方法
原料要求	1. 原料：原料肉应分别符合 GB 2707、GB/T 17238、GB/T 9959.1、GB/T 9959.2、GB 16869、GB 2707 的要求，并是经去皮、骨、肥膘、筋腱、肌膜的纯瘦肉 2. 辅料：食用盐：应符合 GB/T 5461 的规定；白砂糖：应符合 GB/T 317 的规定；味精：应符合 GB 2720 的规定；酱油：应符合 GB 2717 的规定；其他辅料：应符合相应的标准规定	GB/T 23969	

续表

产品指标		指标要求	标准法规来源	检验方法
感官要求	形态	呈片、条、粒状，同一品种大小基本均匀，表面可带有细小纤维或香辛料	GB/T 23969	GB/T 23969
	色泽	呈棕黄色、褐色或黄褐色，色泽基本均匀		
	滋味与气味	具有该品种特有的香气和滋味，甜咸适中		
	杂质	无肉眼可见杂质		
理化指标	水分	≤20g/100g	GB/T 23969	GB 5009.3
	脂肪	≤10g/100g		GB 5009.6
	蛋白质	≥30g/100g		GB 5009.5
	氯化物	≤5g/100g（以 NaCl 计）		GB 5009.44
	总糖	≤35g/100g（以蔗糖计）		GB 5009.8
	铅	符合 GB 2726 的规定（Pb）		GB 5009.12
	无机砷	符合 GB 2726 的规定		GB 5009.11
	镉	符合 GB 2726 的规定（Cd）		GB 5009.15
	总汞	符合 GB 2726 的规定（以 Hg 计）		GB 5009.17
	净含量	应符合《定量包装商品计量监督管理办法》的规定		JJF 1070
	生产加工过程的卫生要求	应符合 GB 19303 的规定		
微生物要求	菌落总数	符合 GB 2726 的规定		GB 4789.2
	大肠菌群	符合 GB 2726 的规定		GB 4789.3
	致病菌（沙门氏菌、金黄色葡萄球菌、志贺氏菌）	符合 GB 2726 的规定		GB 4789.4、GB 4789.5、GB 4789.10
污染物限量	镉	≤0.1mg/kg（以 Cd 计）	GB 2762	GB 5009.15
	铅	≤0.5mg/kg（以 Pb 计）		GB 5009.12
	N-二甲基亚硝胺	≤3.0μg/kg		GB 5009.26
	铬	≤1.0mg/kg（以 Cr 计）		GB 5009.123
	总砷	≤0.5mg/kg（以 As 计）		GB 5009.11

续表

产品指标		指标要求	标准法规来源	检验方法
污染物限量	锡	≤250mg/kg（以 Sn 计仅适用于采用镀锡薄板容器包装的食品）	GB 2762	GB 5009.16
致病菌限量	沙门氏菌	$n=5$，$c=0$，$m=0/25g$（mL），$M=—$	GB 29921	GB 4789.4
	单核细胞增生李斯特氏菌	$n=5$，$c=0$，$m=0/25g$（mL），$M=—$		GB 4789.30
	金黄色葡萄球菌	$n=5$，$c=1$，$m=100CFU/g$，$M=1000CFU/g$		GB 4789.10

实训工作任务单

学习项目	肉干制品加工技术	工作任务	牛肉干制作
时间		工作地点	
任务内容			
工作目标	素质目标 1. 了解中国肉干制品加工行业近几年基本情况 2. 了解主要肉干制品的行业特点 技能目标 1. 能够根据标准要求进行肉干制品加工原辅料的验收 2. 能够根据肉干制品原辅料特点和成分对加工工艺参数进行调整 3. 能够预防和解决肉干制品加工过程中的主要质量安全问题 知识目标 1. 掌握常见原料肉的主要理化成分和加工特点 2. 掌握肉干制品加工的主要原辅料及其验收要求 3. 掌握典型肉干制品加工的主要工艺流程和关键工艺参数 4. 掌握肉干制品加工中的主要质量安全问题及防（预防）治（解决）方法 5. 掌握肉干制品成品的质量安全标准要求及其评价方法		
产品描述	请描述该产品的特点，感官性状，营养成分等		
实验设备	请列举本次实验使用的设备，并描述操作要点		
操作要点	请根据课程学习和实验操作填写牛肉干制作的工艺流程和操作要点		
成果提交	实训报告，牛肉干产品		
相关标准/验收标准	请根据课程学习和实验操作填写牛肉干的相关验收标准，包括指标名称、指标要求、检测方法、来源标准法规		
实验心得	本次实验有哪些收获？产品的关键控制点和容易出现的问题有哪些		
提示			

工作考核单

学习项目	肉干制品加工技术		工作任务		牛肉干制作	
班级		组别		（组长）姓名		

序号	考核内容	考核标准	分数	权重		
				自评	组评	教师评
				30%	30%	40%
1	学习态度	积极主动，实事求是，团队协作，律己守纪				
2	组织纪律	上课考勤情况				
3	任务领会与计划	理解生产任务目标要求，能查阅相关资料，能制订生产方案				
4	任务实施	能根据生产任务单和作业指导书实施生产步骤，完成任务				
5	项目验收	依据相关技术资料对完成的工作任务进行评价				
6	工作评价与反馈	针对任务的完成情况进行合理分析，对存在问题展开讨论，提出修改意见				
	合计					

评语	
	指导老师签字_____

参考文献

[1] 新疆维吾尔自治区畜牧业"十四五"发展规划[J]. 新疆畜牧业, 2022, 37.

[2] 潘夏玲, 郑志彬. 肉类加工生产废水处理工程设计[J]. 资源节约与环保, 2018 (5): 2.

[3] 武丹, 李晓. 冷鲜肉保鲜过程中的微生物污染及其预防措施[J]. 食品工业科技, 2019, 40 (21): 6.

[4] 杨兴章, 曹振辉, 乔金玲. 冷却肉生产过程中微生物污染及控制措施[J]. 肉类研究, 2007 (7): 4.

[5] 武丹, 李晓. 冷鲜肉保鲜过程中的微生物污染及其预防措施[J]. 食品工业科技, 2019, 40 (21): 6.

[6] 杨兴章, 曹振辉, 乔金玲. 冷却肉生产过程中微生物污染及控制措施[J]. 肉类研究, 2007 (7): 4.

[7] 佟爽, 赵燕, 祝明, 等. 屠宰及肉类加工废水处理现状及研究进展[J]. 工业水处理, 2019, 39 (3): 6-10.

[8] 张勇. 烤肉制品生产问题分析与探讨[J]. 肉类工业, 2007 (3): 15-16.

[9] 刘建军. 烤羊腿加工新工艺及其品质影响因素的研究[D]. 呼和浩特: 内蒙古农业大学, 2008.

[10] 孙承锋, 南庆贤, 牛天贵. 微波杀菌在酱牛肉保鲜中的应用研究[J]. 食品工业科技, 2001.

[11] 孟建彤. 肉干, 肉脯生产的霉菌污染及防治措施研究[D]. 成都: 四川大学, 2002.

[12] 姜秀丽. 肉干制品水分调节剂的开发及其对制品储藏期内风味影响的研究[D]. 哈尔滨: 东北农业大学, 2017.